과학자들
3

과학자들 **3** 보이지 않는 것들의 정체를 밝혀내다

김재훈 지음

Andreas Vesalius William
Harvey Robert Boyle Carl von
Linné Joseph Black Henry
Cavendish Joseph Priestley
Antoine Lavoisier John Dalton
Amedeo Avogadro Charles
Lyell Charles Darwin Gregor
Mendel Louis Pasteur August
Kekulé Dmitrii Mendeleev
Jons Jacob Berzelius Svante
Arrhenius Gilbert Newton
Lewis Rosalind Franklin
James Watson Francis Crick

Humanist

현대 사회는 과학이라는 이름 아래 모든 것이 설명된다고 해도 과언이 아닙니다. "과학적이다." 또는 "과학적이지 않다."라는 말 한마디로 모든 것이 판단되거나 설명되곤 합니다. 사람들은 은하계 너머의 먼 우주는 고사하고, 태양계에 속한 비교적 가까운 행성조차 직접 볼 수 없습니다. 그래도 과학자들이 계산한 별들의 운동 법칙을 신뢰하고 허블 망원경이 전송해준 사진을 믿어 의심치 않습니다. 어떠한 논쟁에서도 과학적이고 실증적인 근거를 많이 제시하는 쪽이 결국 승자가 되는 걸 당연시합니다.

오늘날 과학은 중세 서구 세계의 인식을 지배했던 계시의 로고스와 비교해도 그 권위가 결코 뒤지지 않습니다. 과학적 이성이 19세기를 지나 20세기를 관통하면서 세계관과 인류의 영혼에까지 침투하는 가공할 위력을 발휘할 때, 후설 같은 몇몇 철학자들은 실증주의에 천착하는 사유의 위험을 경고하기도 했습니다. 그러나 이미 대세는 기울었습니다. 대중은 관념이니 선험이니 하는 철학보다 스마트한 과학을 선택했습니다. 과거, 생각하는 철학자들이 사유의 일부분으로 다루었던 자연철학이 학문의 옥좌를 차지한 것입니다.

현대 사회에서는 종교도 비과학적이라는 이유로 비판받기도 합니다. 종교보다 과학이 우선하는 시대죠. 하지만 종교가 과학보다 우선이던 시대가 있었습니다. 오로지 신의 말씀과 그 대리인 격인 성직자의 가르침을 신뢰하고, 과학을 비종교적이고 비합리적이라는 이유를 들어 비난하거나 조롱하던 시대가 아주 멀리 있었던 것은 아닙니다. 그 시간 속에서 많은 사상가는 철학자이자 과학자였고, 투사이기도 했습니다. 고대의 자연철학자들부터 20세기 과학자들에 이르는 일화를 소개하는《과학자들》은, 어쩌면 세계의 원리와 현상을 이해하는 자신들의 방식을 알리기 위해 지난한 투쟁의 세월을 겪고 끝내 학문의 주역이 된 이들의 연대기일지도 모르겠습니다.

과학보다는 인문학에 더 친숙했던 사람이 과학 이야기를 그린다는 것이 쉬운 일은 아니었습니다. 하지만 나와는 전혀 상관없을 것 같던 과학을 역사와 인물로 접근하니 이야기로 풀어갈 수 있다는 자신감이 생겼습니다. 그래서 이 책이 탄생하게 되었습니다.

《과학자들》은 과학사의 명장면 50개와 이를 탄생시킨 과학자 52명의 이야기를 담고 있습니다. 그중 3권에서는 기체의 부피와 압력의 관계를 규명한 보일, 화학 혁명의 시대를 연 라부아지에, 원자론을 제안한 돌턴, 생물의 종을 분류한 린네와 종은 불변한다는 신념 속에서도 진화론을 주장한 다윈 등 생명에 관해 탐구하고 미시 세계의 입자를 연구한 과학자 22명을 만나볼 수 있습니다.

보이지 않는 것들의 존재를 상상하고 구체화하고 증명하기까지 과학자들은 어떤 일을 겪었을까요? 비단 물질에 관한 이야기만이 아닙니다. 진화론은 다윈 이전의 사람들에게 종은 불변한다는 종교와도 같던 신념을 무너뜨린 상상할 수 없는 주장이었습니다. 미지의 영역을 개척해나가는 과학자들을 지탱해주는 것은 연구에 대한 열정과 투철한 실험 정신이었죠.《과학자들 3: 보이지 않는 것들의 정체를 밝혀내다》에서 진리에 도달하려는 과학자들의 노력의 순간에 많은 이가 함께하기를 기대합니다.

2018년 9월
김재훈

"자연과학에서 진리의 원칙은 결국 관찰로 확증된다."

— 칼 폰 린네

눈에 보이는 것은 설명하기 쉽습니다.

수를 세거나 위치를 파악할 수도 있죠.

하지만 보이지 않는 물질은 어떻게 해야 할까요?

볼 수 없는 입자의 모형과 성질을 가정하고

반응의 법칙을 증명하기 위해 고군분투한

과학자들의 실험은 계속되었습니다.

차례

1

직접 인체를 해부하라

안드레아스 베살리우스

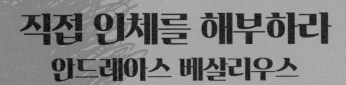

안드레아스 베살리우스 Andreas Vesalius (1514~1564)

벨기에의 의학자. 오랜 세월 마치 경전처럼 여겨진 갈레노스 해부학의 오류를
비판하고, 근대 해부학을 확립했다. 베살리우스는 직접 인체를 해부하여 사람
몸의 구조를 설명했다.

1543년 과학사에서 매우 의미 있는
책 두 권이 출간되었습니다.
하나는 오랜 천동설의 권위를 깨뜨리고
근대 우주관의 장을 연
코페르니쿠스의 《천체의 회전에 관하여》,
또 하나는 베일에 가려져 있던 인체 내부를
활짝 열어 보여주며 해부학이 나아가야 할
이정표를 세운 안드레아스 베살리우스의
《인체의 구조에 관하여》입니다.

르네상스에서 근대로 이어지던
16세기 중반, 새로운 자연과학의
산실이었던 파도바 대학에서 새로 부임한
의과대 교수의 해부학 강의가 시작되었습니다.
교수가 본격적으로 수업을 시작하자
학생들은 기절초풍할 광경을 보게 됩니다.

교수가 직접 손에 칼을 들고
시체의 배를 가르는 것이 아니겠습니까?

해부학 시간에 교수가 칼을 든 게 뭐 어떻다고 그렇게 호들갑이었을까요?
그 당시 의대에서 인체 해부는 이발사 겸 외과 의사가 하는 일이었습니다.

학식이 높은 교수는
높은 교단에 서서 설명만 하고
인체 해부가 진행되는 동안에는
그 근처에 가지도 않았습니다.

학생들도 눈으로 보는 해부 실습보다
멀찌감치 떨어져 있는 교수의 설명과
라틴어로 쓰인 교재를 더 신뢰했습니다.
직접 해부를 담당한 외과 의사 대부분은
라틴어를 몰랐습니다.

하던 거나 마저 해.

나는 최고의 절개 및 봉합 기술을 가졌지만
글을 모르니까 무시당해도 할 수 없지, 뭐.

하지만 그 교수는 기존의 관행을 따르지 않고 직접 칼을 들어
인체를 해부하며 수업을 진행했습니다. 그리고 학생들에게 실습이
교재로 공부하는 것보다 더 중요하다는 점을 강조했습니다.

의사 양반, 좀 나와 봐요. 내가 할 테니까.

직접 하시면 저는요?

구석에 가서 라틴어 단어나 외우든가.

일당은 나오죠?

처음엔 모두가 놀라고 당황했지만
학생들은 그의 수업 방식을 선호했고,
곧 다른 대학의 해부학 강의도
달라지기 시작했습니다.

실험과 귀납적 태도의 해부로 새로운 의학 역사의 서곡을 지휘한
그는 근대 해부학의 아버지, 안드레아스 베살리우스입니다.

베살리우스는 유럽의 의학이
로마 시대에서 중세를 거치는 동안
발전은커녕 오히려
퇴보했다고 생각했습니다.

그 원인으로 의학자들의 지나치게
근엄한 태도와 외과 시술을 경시하는 풍조,
그리고 실증적인 연구 없이 오래된 문헌의
권위에만 의존하는 관행을 지적했습니다.

그는 문제를 해결하기 위해
솔선수범하기로 마음먹었습니다.

내 손으로 직접 째고 내 눈으로 똑똑히 볼 것이여.

가까이서 직접 보니까 어때? 실감나지?

토할 거 같습니다.

다빈치만큼 그릴 수 있지?

내가 이래 봬도 티치아노한테 배웠다고.

바로 사람의 몸을 정확하게 파악하고,
그 정보와 지식을 함께 공유하는
체계를 마련한 것이지요.
올바른 인체 해부학이 모든 의학의
기초가 될 거라고 확신했기 때문입니다.
베살리우스는 좀 더 정교한 해부학
교재가 필요하다고 판단했습니다.
그래서 자신이 인체 해부를 하는 동안
곁에서 삽화를 그릴 솜씨 좋은
화가도 고용했습니다.

베살리우스의 해부학 수업은
점점 더 유명해졌습니다.
파도바 지역의 판사가 베살리우스의
실습 강의를 위해 사형이 집행된
시체를 제공할 정도였지요.
그렇게 열심히 해부를 계속하던
베살리우스는 심각한 문제를
발견했습니다.

그것은 인체의 탐험을 계속한다면 언젠가는 넘어야 할 산이었습니다.
그리고 베살리우스 이전에는 누구도 그 산의 위엄에 도전하지 않았습니다.

클라우디오스 갈레노스.
로마 시대 의학자로,
르네상스 시대까지 약 1,500년 동안
지대한 영향을 끼치며 유럽 의학의
맹주로 군림했습니다.

의학 하면 히포크라테스 아닌가?

그건 상징적인 명성이고.

실세는 갈레노스야.

중세 시대엔 의학 그 자체셨지.

팀 닥터! 빨리 온나!

간다. 반말 하지 마라.

갈레노스는 헬레니즘 시대
최고의 지식 전당이었던
알렉산드리아 무세이온에서
의학을 연구하며 골절,
외상 치료, 봉합, 혈관 결박 시술,
종양 절단, 방광결석 수술 등
수많은 치료법을 개발했습니다.
또 5년 동안 검투사들의 담당
의사로 활동하기도 했습니다.

이후에는 로마 5현제 중 한 사람이자
스토아 철학의 지주였던
마르쿠스 아우렐리우스 황제의
주치의가 되기도 했습니다.

인체의 기능을
소화·호흡·신경 활동
세 부분으로 나누어
체계를 세우기도 한
갈레노스의 의학 지식은
후대의 의사들에게 경전이나
다름없었습니다.

의학 연구 논문이나 서적에서
가장 많이 쓰인 말이
"갈레노스에 따르면",
"갈레노스가 이르길" 같은
인용이었을 정도입니다.

갈레노스 가라사대···.

갈레노스께서 이르시되···.

중추신경계를 이루는 뇌와 척수에 관해서도 썼지.
아마 내가 최초일걸?

그는 많은 동물을 해부한
경험을 토대로 수많은
의학 이론 저서를 남겼습니다.

동물깨나 잡으셨겠어.

하지만 로마에서는
인체 해부가 법적으로
금지돼 있었기 때문에
정작 사람의 몸은
해부해보지 못했습니다.

베살리우스가 의문을 가지게 된
이유가 바로 여기에 있었습니다.
그리고 실제로 인체를 해부해서
관찰해본 결과, 갈레노스의
이론 중 200군데 이상의
오류가 발견됐습니다.

비난과 우려를 무릅쓰고 베살리우스는
새로운 해부학 책을 썼습니다.
2년 동안 밤낮없이 해부에 몰두했고,
세밀한 삽화도 빼놓지 않았습니다.

한 2년 동안은 밤낮없이 해부에 몰두했당께.

그 결실이 1543년
스위스의 바젤에서 출간된
《인체의 구조에 관하여》입니다.

ANDREAE VESALII
BRVXELLENSIS, SCHOLAE
medicorum Patauinae profeſſoris, de
Humani corporis fabrica
Libri ſeptem.

사람의 몸속을 샅샅이 훑었지.

권별 내용을 살펴보면,
1권 뼈, 2권 근육, 3권 혈관, 4권 신경,
5권 복부, 6권 흉부, 7권 뇌 등
인체 구조가 총망라되어 있습니다.

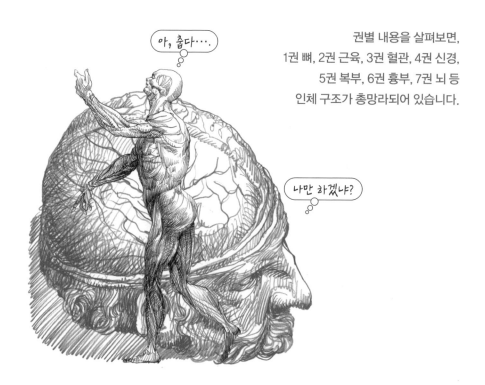

베살리우스는 사람의 몸을 해부한
최초의 의사는 아니었지만
인체 내부를 면밀히 탐구하여
의학 분야에서 르네상스 정신을
실현한 선구자였음은 분명합니다.

2

피는 돌고 돈다
윌리엄 하비

윌리엄 하비 William Harvey (1578-1657)

영국의 의학자이자 생리학자이다. 끊임없는 연구와 실험을 통해 갈레노스의
체액설을 부정하며 정맥혈은 심장으로 들어가고 동맥혈은 심장에서 나온다는
혈액순환의 원리를 발표했다.

베살리우스 이후 서양 의학은 해부학 분야에서
상당한 진전을 보였지만 병을 진단하고
치료하는 의사들은 여전히 갈레노스의
의학 체계를 따르고 있었습니다.
그런 가운데 16세기 말부터 17세기까지
이탈리아의 파도바 대학은 천재적이고 위대한
의학자들이 성과를 내는 실습장이었습니다.
가장 극적인 결실을 맺은 사람은
영국 의사 윌리엄 하비였습니다.
피의 생성과 소멸에 관한 오랜 갈레노스의 지침을
거부하고 혈액순환 이론을 완성한 그의 업적은
근대 생리학 발전에 크게 기여했습니다.

우리 몸속의 피는 돌고 돕니다.

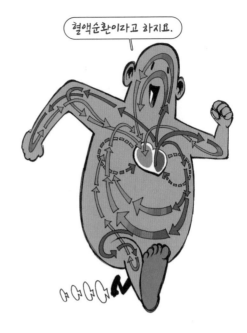

혈관을 따라 온몸을 돌고 돕니다.

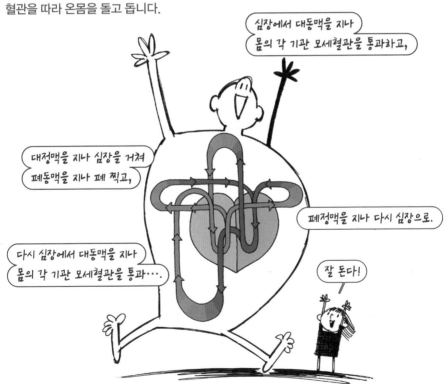

쉬지 않고 피를 돌리는 역할은 심장이 맡고,

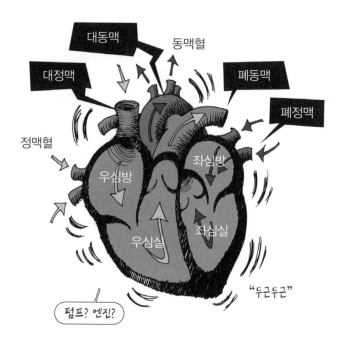

피 속의 이산화탄소를 배출시키고
피에 신선한 산소를 공급하는 일은
폐가 맡습니다.

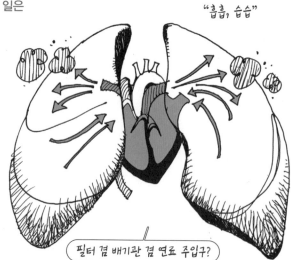

그래서 심장을 통과한 피가
동맥을 지나 여러 기관을
거친 다음 정맥을 거쳐 다시
심장으로 되돌아가는 과정을
대순환 또는 체순환이라고 부릅니다.

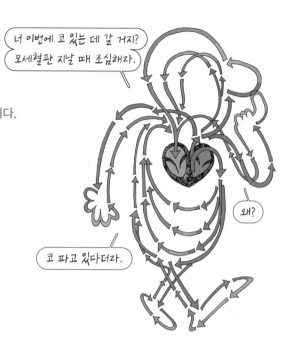

심장에서 폐동맥을 타고
폐에 도달한 정맥혈이
폐에서 동맥혈이 되어
폐정맥을 거쳐 다시 심장으로
돌아가는 과정을 소순환
또는 폐순환이라고 합니다.

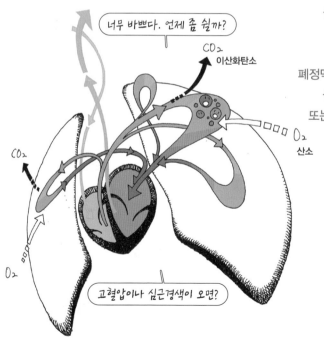

혈액순환에 관해 이 정도의 지식은
웬만해선 다 아는 의학 상식이죠?
그런데 예전에는 의사들조차
그 사실을 몰랐습니다.

불과 400년 전까지만 하더라도
의학계의 정설은 혈액순환과는
전혀 다른 것이었습니다.

17세기에도 의사들은
여전히 갈레노스의 지침을
따르고 있었습니다.

갈레노스는 피가 간에서
만들어진다고 했습니다.
그리고 자연 정기를 담은 그 피는
정맥을 따라 몸속 기관으로
전달되어 말단에서
소모된다고 했습니다.

갈레노스께서 이르시길,

밥을 먹으면 위에서 유미로 바뀌고 유미는
간문맥을 통해 간으로 가서 피가 되는 거야.

밥 잘 먹어야 된다 그 말씀이네요?

피는 계속 만들어지고
계속 써서 없어지고 그런 겁니다.

굶어 죽는 거랑
피 모자라 죽는 거랑 같은 거네요?

고혈압 환자는 일단 굶어야겠구먼.

그 과정에서 심장 우심실에 전달된 피의 일부가 작은 구멍을 통해 좌심실로 이동하고 그곳에서 생명의 정기를 담은 동맥혈이 되어 각 기관에 활력과 온기를 준다고 했습니다.

베살리우스가 새로운 해부학으로 갈레노스의 인체 지식에 오류가 있음을 밝혔지만, 의사들 대부분은 아랑곳하지 않고 갈레노스의 가르침을 따르는 의술로 연명하고 있었습니다.

그 와중에 이탈리아 파도바 대학에서는 열정적인 교수들이 여러 실험과 해부를 통해 갈레노스의 전통을 허물고 있었습니다.

베살리우스의 후임으로 파도바 대학 외과 교수가 된 레알도 콜롬보는 갈레노스의 주장과 달리, 혈액이 우심실에서 좌심실로 바로 통하지 않고 폐를 거친다고 보았습니다.

그 후에 피의 흐름에 관한
또 다른 발견을 내놓은 사람도
파도바 대학 외과 교수였습니다.
히에로니무스 파브리치우스,
그가 발견한 것은 정맥 속의
판막이었습니다.

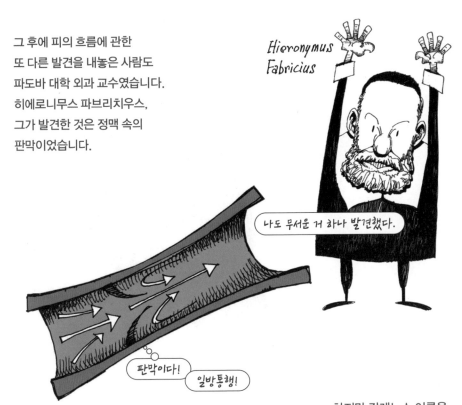

Hieronymus Fabricius

나도 무서운 거 하나 발견했다.

판막이다!

일방통행!

좀 더 밀어붙이면 혈액순환을 완성한 명의로
역사에 이름을 남길 거요! 자신 있습니까?

자신 없습니다.

하지만 갈레노스 이론을
완전히 부정하기 어려웠던 탓인지
그는 자신이 발견한 판막의 기능이
피의 역류를 방지하는 것이라
확정하지 않고 단지 혈류의
속도와 양을 조절하는
것이라고 여겼습니다.

그 무렵 1602년에 파브리치우스의 해부 연구팀에 청운의 꿈을 안고
영국에서 유학 온 윌리엄 하비가 합류했습니다. 하비는 물고기, 개구리, 뱀, 개 등
동물 생체 해부에 적극적이었습니다.

하비는 콜롬보와 파브리치우스가
발견한 사실을 바탕으로
대담하게 혈액순환에 대한
확신을 키웠습니다.

그리고 갈레노스 체계를
뒤엎을 만한 이론을 증명하기
위해 여러 실험을 했습니다.
그중에는 자신의 팔을 묶어서
혈관의 변화를 관찰하는
결찰사* 실험도 했습니다.

끈으로 강하게 묶어 동맥을 조였을 때와
끈을 조금 느슨하게 묶어 정맥을 막았을 때,

---

* **결찰사**
채혈할 때 팔 위쪽에 묶는 끈.

어떻게 되는지 보자고요.

어떻게 되긴, 팔 저리지.

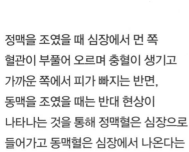

정맥을 조였을 때 심장에서 먼 쪽
혈관이 부풀어 오르며 충혈이 생기고
가까운 쪽에서 피가 빠지는 반면,
동맥을 조였을 때는 반대 현상이
나타나는 것을 통해 정맥혈은 심장으로
들어가고 동맥혈은 심장에서 나온다는
사실을 확인했습니다.

정맥혈이 간에서 나와 신체 기관들로
간다고 했던 갈레노스가 틀린 것이지유.

고생 많다.

동맥

정맥

그리고 하비는 간에서 피가
만들어지고 소모된다는
갈레노스의 이론이 틀렸다는
것도 자신만의 논리적인
방법으로 증명했습니다.

피가 계속 만들어지고 없어진다고요?

그럼 그 양이 얼마나 되는지 계산해볼까요?

피 뽑아서 달아보게?

해부를 통해 사람의 심장에 피가 가득차면
0.75dl 정도가 될 거라구요.

맥박이 한 번 뛸 때마다 2oz(56.6g)가량의
피가 방출된다고 하자고요.

맥박이 1분에 72회 정도, 시간당
8,640oz(245kg), 계산이 딱 나오죠?

사람이 밥을 그만큼씩 안 쉬고
먹으면 어찌 되겠어요?

죽지유?

그러니까 결론은 피는 돈다는 겁니다!

맥박이 뛸 때마다 심장에서
방출되는 피의 양에 사람의 평균
맥박수를 곱하는 방식으로
계산해보았더니 그 양이 무려
시간당 245kg이었습니다.
갈레노스의 이론대로 그만큼의
피가 계속 생성된다면, 그에 필요한
양만큼 음식물을 섭취한다는 건
도저히 불가능했습니다.

하비는 1628년 혈액순환 이론을 자신 있게 수록한 책
《동물의 심장과 피의 운동에 관한 해부학적 연구》를
발표했습니다. 물론 발표 당시에는 의학계가
반발했고, 의사들은 그의 새 이론을
비난하거나 무시했습니다.

하비는 다시 영국으로 돌아가
국왕 제임스 1세와 찰스 1세의
주치의를 지내기도 했습니다.

그가 제시했던 혈액순환 모델은 채 완성되지 못한 부분이 있었습니다.
심장에서 각 신체 기관으로 퍼진 동맥혈이 말단에서 어떻게
정맥혈이 되어 심장으로 돌아오느냐는 것이었습니다.

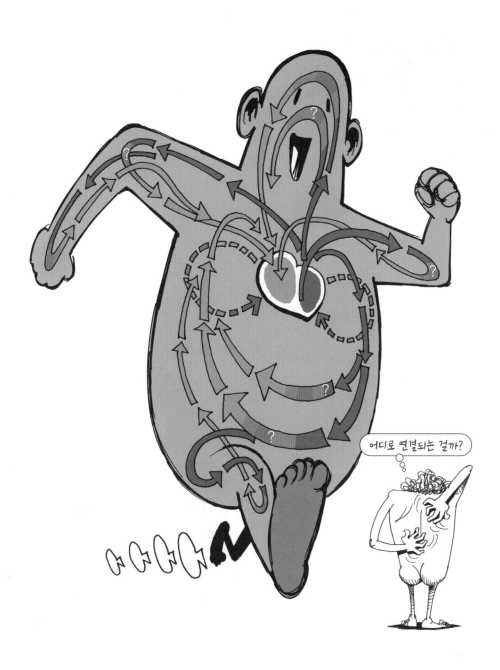

그 문제를 해결하려면
육안으로는 찾기 힘든
모세혈관의 존재를 밝혀야 했는데,
그 일은 나중에 마르첼로 말피기가
현미경으로 관찰해 증명해냈습니다.

어떻게 연결되지?

나한테 맡기시오.

하비는 전통과 고정관념에
안주하기보다 비교 해부를 통한
실증적인 사례를 수집했습니다.
그리고 근대 과학의 방법인 실험을 통해
자신의 확신을 증명해보였습니다.
이런 점에서 하비는 혈액순환을
정리한 위대한 의학자로 의학사에
이름을 남겼습니다.

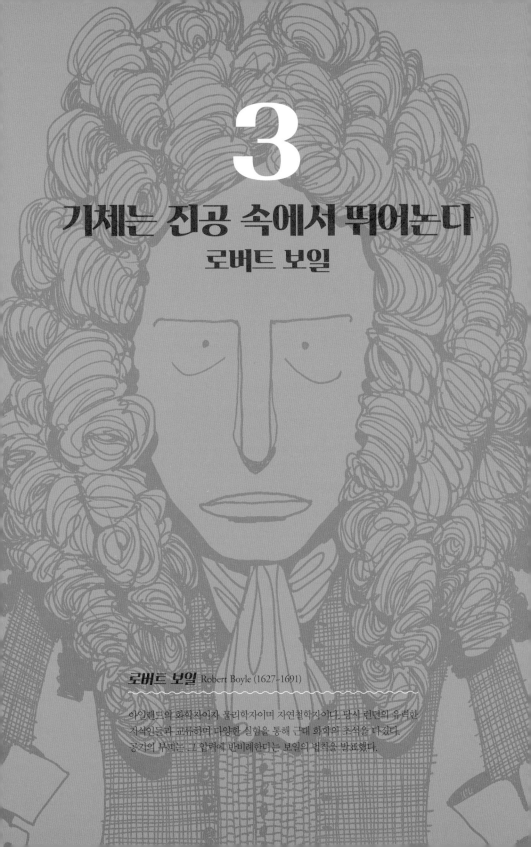

3

기체는 진공 속에서 뛰어논다
로버트 보일

로버트 보일 Robert Boyle (1627~1691)

아일랜드의 화학자이자 물리학자이며 자연철학자이다. 당시 런던의 유력한
지식인들과 교류하며 다양한 실험을 통해 근대 화학의 초석을 다졌다.
공기의 부피는 그 압력에 반비례한다는 보일의 법칙을 발표했다.

기체의 부피와 압력의 관계를 규명한 업적으로
유명한 로버트 보일은 평생 자연현상에 관한 연구에
전념했고 40권이 넘는 방대한 저술을 남겼습니다.
그가 다른 일을 돌아보지 않고 실험과 연구에
매진할 수 있었던 것은 아버지로부터 물려받은
넉넉한 재산 덕분이었습니다.

풍선이나 튜브 같은 걸 눌렀을 때
수축했다가 다시 팽팽해지는 것은
공기 입자들이 빈 공간에서
운동하기 때문이죠.

우리가 일상적으로 쓰는 용어인
기압은 지구를 둘러싼 공기인 대기가
단위 면적당 가하는 힘을 말합니다.
이 힘은 공기의 무게에 따라 달라지죠.
대기가 무거울수록 기압이 높아집니다.

당신과 나 사이에 아무것도 없다면 어떻게 될까요?

둘이서 사이좋게 질식사하겠지.

그런데 공기 현상을 이런 식으로 이해하려면 한 가지 전제가 필요한데 바로 아무것도 없는 빈 공간, 즉 진공이라는 상태입니다.

서양의 자연철학에서는 오랫동안 진공을 부정하는 것이 주류 의견이었고 일반적인 상식도 그러했습니다.

예전에 누군가는 이렇게 말했죠. 자연은 진공을 싫어한다고.

왜?

진공이 있으면 이것저것 생각할 게 많아지니까요.

앞서 천문이나 역학 분야에서
기존의 논리와 새로운 지식이
충돌했듯이, 17세기에 이르러
자연철학자들은 진공을 놓고
옥신각신했습니다.

진공은 없다.

진공 있어.

없으면 어쩔래?

없으면 없는 대로 없는 거지.

우주는 이렇게 꽉 차 있는 게 좋아.
서로 부대끼면서 정도 들고 그러는 거지.

붙어 살면 스트레스만 쌓이지 않나?

한쪽에서는 우주는 빈틈없이 어떤 물질로
가득 채워진 상태라 생각했고,
다른 한쪽에서는 입자들이 무의 공간에서
부유하고 있다고 생각했습니다.

데카르트는 근대 과학의 체계를
설계했음에도 진공에 관한 한
부정적인 입장이었고,
그 견해에 동조한 이들은
우주의 모든 운동은
물질들이 접촉한 상태에서
진행된다고 믿었습니다.

행성이 궤도를 유지하면서 돌려면
다닥다닥 붙어서 밀어주는 뭔가가 있어야 하거든.

하지만 일군의 자연철학자들은
고대의 원자론을 떠올리며 진공을
받아들이는 분위기였습니다.

멀리 떨어져 있어도 서로 당기고
밀치는 힘이 작용한다니까.

어차피 증거 없기는 피차일반,
목소리가 크면 이기는 거다.

처음에는 어느 쪽도 확실한 증거를
내놓지 못하고 가설과 논증으로
맞섰지만 공기의 정체를 밝히는 데
더욱 적극적이었던 쪽은
진공 옹호론자들이었습니다.
진공 옹호론자들은 자신들의 주장을
증명하기 위해 진공상태를
만드는 실험을 했습니다.

말로 안 되는 자들이네.

말로 안 되는 자들이니
증거를 들이미는 수밖에.

믿을 건 실험밖에 없다!

갈릴레오 연구실의 제자였던
빈첸초 비비아니와
에반젤리스타 토리첼리는
스승이 생전에 관심을 가졌던
진공에 관한 실험을 수행했습니다.
토리첼리와 비비아니는 약 1m 길이의
유리관과 그릇, 그리고 수은을 가지고
실험했습니다.

스승님이 공기를 채운 기구와
빈 기구의 무게를 달아보고 공기도
무게가 있다고 말씀하셨잖아.

그럼!

수은 중독이니 뭐니 하는 말 나오기 전에
몸 망가뜨리면서 열심히 실험하자고.

Vincenzo Viviani →

Evangelista Torricelli →

입구를 막은 상태로 시험관을 거꾸로
세우고, 이 상태에서 입구를 열어보자고.

그 결과로 만들어진 수은 기둥
76cm 높이가 그릇의 수은을
누르는 대기압이라는 사실,
또 관 속에 생긴 공간은 공기가 없는
진공상태라고 주장했습니다.

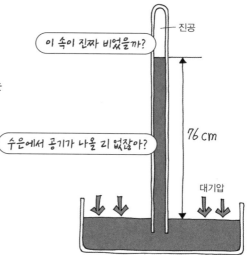

이 속이 진짜 비었을까?

진공

76cm

수은에서 공기가 나올 리 없잖아?

대기압

인위적으로 만든 최초의 진공으로
기록된 그 실험 결과를 사람들은
'토리첼리의 진공'이라고 불렀습니다.

한편, 토리첼리 팀의 실험 소식은 프랑스에 있던 블레즈 파스칼을 고무시켰습니다.
파스칼은 높은 곳과 낮은 곳에서는 각각 공기의 무게도 다르고 기압 차이도 있을 거라는
생각을 실험으로 증명하고 싶었습니다.

파스칼은 높은 산에 올라 기압을 재는 일을 처남에게 맡겼는데 예상대로 기압차가 발생했습니다.

진공과 공기압에 관한 가장 극적인 실험은 1654년 프로이센에서 이루어졌습니다. 기상천외한 방법으로 실험을 행한 주인공은 독일 마그데부르크의 시장이었던 오토 폰 게리케였습니다.

게리케는 구리로 반구 두 개를 만들어서
빈틈없이 서로 마주 붙인 다음,
특수 제작한 펌프로 그 안에 든
공기를 빼냈습니다.

그리고 용기 바깥에서 작용하는
대기 압력이 얼마나 센지 알아보기 위해
양쪽에서 말이 끌도록 했는데
맞붙은 반구는 꿈쩍도 하지 않았습니다.

완벽한 진공상태가 아니었을 텐데도
양쪽에 말 여덟 마리씩을 동원하고서야
겨우 뗄 수 있었습니다.
게리케는 자신의 성공적인 실험 내용을
1657년에 책으로 출간했습니다.

그 무렵 런던에서는
귀족 가문 출신의 한 남자가
모든 상황을 예의주시하고 있었는데,
그의 이름은 로버트 보일이었습니다.

보일은 아일랜드에서 어마어마한 부호였던
코크 백작의 아들로 태어났습니다.
소년 시절부터 유럽 전역을 돌며
견문을 넓힌 그는 갈릴레오 같은 위대한
자연철학자가 되기로 마음먹었습니다.

그래서 아버지가 자신의 몫으로 남긴 돈으로 런던에 전용 연구실을 꾸몄고,
그곳에서 많은 지식인과 교류하며 공동 연구를 진행했습니다.
복합현미경으로 세포를 관찰한 걸로 유명한 로버트 훅도 조수로 일했죠.

보일은 남들보다 탁월한 연구 성과를
내려면 무엇보다 성능 좋은
실험 기구가 필요하다고 생각했습니다.
다행히 그의 곁에는 재주가 뛰어난
훅이 있었습니다.

보일은 훅에게 밀폐된 용기에서 확실하게 공기를 빼낼 수 있는 펌프를
만들어달라고 요청했고, 훅은 유감없이 실력을 발휘했습니다.

지름 40cm가량의 둥근 용기, 공기를 빼내는 피스톤과 실린더 등으로 구성된 그 펌프로 두 사람은 여러 가지 실험을 했습니다.

실험을 통해 연소 과정에서 공기가 역할을 한다는 것과 소리의 전달을 위해서, 그리고 동물이 살기 위해서는 공기가 반드시 필요하다는 것도 입증했습니다.

또 공기를 반쯤 채운 주머니를 넣은 용기에서 공기를 뺐더니
주머니가 부풀어 부피가 커지는 것을 발견했습니다.

이런 탄성을 설명하려면 미세한
공기 입자가 빈 공간에서 뛰어논다는
가설을 세우지 않을 수 있겠는가?

온도가 일정할 경우 공기의 압력과
부피가 반비례한다는 것은 오늘날
'보일의 법칙'으로 알려져 있습니다.
하지만 원래는 영국의
리처드 타운리와 헨리 파워가
자신들의 기압 측정 실험에 관해
보일과 의견을 나눈 것이었습니다.

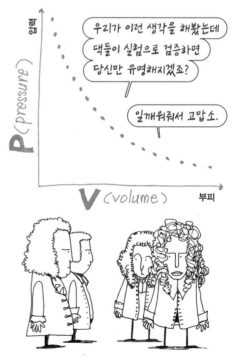

우리가 이런 생각을 해봤는데
댁들이 실험으로 검증하면
당신만 유명해지겠죠?

일깨워줘서 고맙소.

보일은 훅과 함께 대기압에 관한
모든 내용을 검토해 타당하다는
결론을 내렸습니다.
보일은 모든 성과가 훅과 함께한
연구 결과라는 점을 강조했지만,

과학 중흥을 위해 애쓴 모든 공을
혼자 독차지할 맘이 결코 없다는 진심을
알아주길 바라마지 않네.

공기 현상에 관해 처음으로
정리된 그 유명한 법칙의 이름은
결국 '보일의 법칙'이라고
불리게 되었습니다.

내가 그런 게 아니고 사람들이 그리 부른 거라네.
삐치지 말게나.

나를 어찌 보고 그러오?
보너스나 주쇼.

베이컨주의에 입각한 실험 정신과 공동 연구를 표방했던 보일은
지속적으로 많은 철학자와 교류하며 의견을 나누었고,
그들과 함께 1660년 영국 왕립학회를 설립했습니다.

4

생물분류의 초석을 다지다
칼 폰 린네

칼 폰 린네 Carl von Linné (1707~1778)

스웨덴의 박물학자. 다종다양한 생물을 세분화하여 분류 체계를 정리하고,
생물을 속명과 종명으로 표시하는 이명법을 확립했다.

성서의 창세기에서 조물주가 최초의 인간에게
처음 맡긴 일은 세상 만물에 이름을 붙이는 것이었습니다.
인간은 동물의 한 종이자 유일무이하게 스스로
이름을 붙이고 대상을 분석하는 존재입니다.
18세기 칼 폰 린네는 현대 생물학의 토대가 된
명명법과 분류학의 체계를 확립했습니다.

세상에는 수많은 종류의 생물이 있고
그것들은 제각기 이름을 갖고 있습니다.

좀 더 깜찍한 이름으로
불리고 싶다.

대장님, 사람들이 우리를
'사자'라고 부른답니다.

이 녀석은 일단 척추가 있고
새끼를 낳아 젖을 먹이는 포유동물이다.

그리고 이름을 가진 것들은
모양이나 행태 등
특성에 따라 분류됩니다.

하지만 그것들 스스로는
어떤 이름으로 불리는지,
어디에 속해 있는지 알지 못합니다.

이름을 붙이고 종류를 나누는 것은
오직 인간의 관심사이기 때문입니다.

물론 생물학적으로 인간은
동물의 한 종이지만 그 또한 인간이
스스로를 그렇게 분류한 것입니다.

이를테면 인간은 스스로가 주체가 되어
모든 생물과 자연을 객체로 놓고
분석하는 유일한 생물입니다.

과학에서 대상에 이름을 붙이는 것은
다른 사람들과 함께 공유할 수 있는
표준을 만드는 일입니다.

각각의 것들을 비슷한 성질에 따라 분류하는 것 또한 편리한 목록과 계통도를
만들기 위한 것입니다.

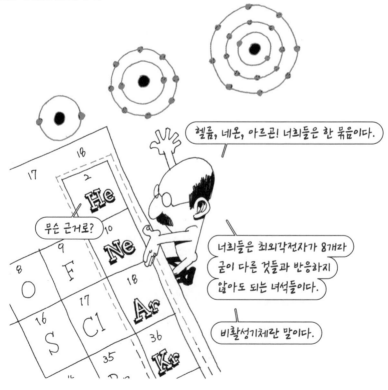

생물학에서도 작명과 분류는
학문의 중요한 기초입니다.
그런데 생물은 종도 다양하고
속성도 매우 복잡다단해서
단순히 분류하기가 쉽지 않습니다.

지금과 같은 과학적인 분류 체계가
만들어지기까지 자연철학자들은
아주 오래전부터 효율적인
분류법에 대해 고민했습니다.

아리스토텔레스 같은
고대 자연철학자들은
지구상의 생명체들에게 조화로운
위계질서가 있다고 생각했습니다.

분류 방법이 발전하면서 16세기에
이탈리아의 안드레아 체살피노는
식물을 열매와 씨의 구조에
따라 구분했습니다.

1686년 영국의 박물학자
존 레이는 종이라는 개념을
확실하게 규정했습니다.

그런 노력과 업적을 이어받아 현대적인 의미의 생물 명명법과 분류학을 완성한 거인은
스웨덴의 시골 마을 출신 칼 폰 린네입니다.

린네는 꼬마 식물학자로 불릴 정도로
호기심도 많고 채집과 연구에 몰두하는
어린이였습니다. 아버지는 아들이 목사로
성공하길 바랐지만 린네는 생물학을
하기 위해 의과대학에 진학했습니다.

웁살라 대학에서 만난 저명한 식물학자였던 앤더스 셀시우스 교수는
린네의 잠재력을 알아보고 후원자로 나섰습니다.

셀시우스의 소개로 알게 된
올로프 루드베크 교수도
린네의 자질과 성실함에 매료되어
일찍부터 연구와 강의를 맡겼습니다.

이 논문 자네가 쓴 거 맞나?

예.

올해 몇 살이지?

스물두 살입니다.

다음 학기부터 강의 맡아라.

이제 2학년인데요?

Olof Rudbeck

강사를 거쳐 일찍이 교수가 된
린네는 매우 엄격하고 철두철미했지만
학생들에게 인기가 많았습니다.

아주 혹독하고 고된 동식물 채집 연구를 위한
탐험에 동참할 학생을 모집한다.

저요!

저는 밥만 먹고
열심히 채집만 할 겁니다!

저는 밥 많이 안 줘도 됩니다.

그는 결코 시간을 낭비하지 않고 일사불란하게 움직이며 현장 조사를 수행하는 환상의 팀을 운영했습니다. 린네의 집요한 근성과 열정은 1735년 《자연의 체계》라는 기념비적인 문헌 출판으로 결실을 맺기 시작했습니다.

이제 시작이다!

옛썰!

《자연의 체계》는 린네가 죽은 1778년까지 12판이나 발행되었으며, 6,000여 종의 식물과 4,000여 종의 동물을 망라했습니다.

이전엔 사람마다 생물을 분류하는 방법이 달라 혼란스러웠지만, 린네는 포괄적인 생물군에서부터 세부적인 생물군으로 점차 세분화해 체계적인 생물분류 방식을 만들었습니다.

너희 둘이 어느 지점에서 갈라서야 되는지 잘 봐라.

끝까지 함께 갈 수는 없나요?

결국엔 너는 쟤를 먹어야 되는데?

동물계

척삭동물문

포유강

오늘날 생물학에서 사용하는 계(kingdom)에서부터 종에 이르기까지의 표준 분류 체계는 린네가 만든 겁니다.

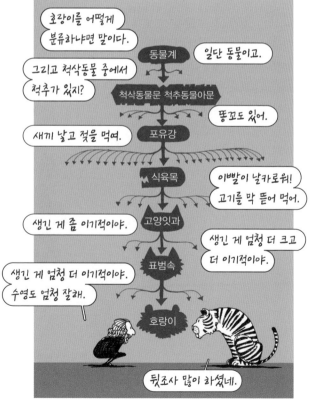

호랑이를 어떻게 분류하냐면 말이다.

동물계

일단 동물이고.

그리고 척삭동물 중에서 척추가 있지?

척삭동물문 척추동물아문

똥꼬도 있어.

새끼 낳고 젖을 먹여.

포유강

이빨이 날카로워! 고기를 막 뜯어 먹어.

식육목

생긴 게 좀 이기적이야.

고양잇과

생긴 게 엄청 더 크고 더 이기적이야.

생긴 게 엄청 더 이기적이야. 수영도 엄청 잘해.

표범속

호랑이

뒷조사 많이 하셨네.

린네는 효율적인
생물학 연구를 위해서는
모든 과학자가 같은 방식으로
생물들에 이름을 붙여야
한다고 생각했습니다.

이름 짓기 표준안을 발표하겠습니다.

누구 맘대로?

너희들이 여태 안 했으니까 내 맘대로.

린네가 제안한 것은
생물의 속명과 종명을
나란히 기재하는 방식으로,
오늘날 전 세계 생물학자들이
그가 고안한 이명법을
따르고 있습니다.

속명은 첫 글자를 대문자로, 종명은 소문자로
시작하는 라틴어를 써야 돼.

Homo sapiens

라틴어 안 쓰면 안 됩니까?

있어 보이니까 웬만하면 써라.

이명법 덕분에 세계 곳곳에서
다른 이름으로 불리는 종이라 할지라도
학술적인 이름은 하나로
통일될 수 있었습니다.

린네는 자신이 고안한
분류의 틀에서 인간도
예외일 수 없다고 판단했고
호모 사피엔스를
동물계에 포함했습니다.

하지만 그가 지은 이름에서
인간은 다른 어떤 동물들과도
속명을 공유하지 않는 단일 종입니다.

현대 생물학의 튼튼한 초석을 놓은
린네는 최고의 명예를 누렸고
1778년 스웨덴에서
눈을 감았습니다.

5

기체의 재발견

조지프 블랙

조지프 블랙 Joseph Black (1728-1799)

영국의 화학자. 실험을 통해 공기 중에 포함된 이산화탄소의 존재를 발견하고,
대기와 다른 기체라는 것을 확인했다. 실험 과정에서 물질의 무게를 측정해
정량 화학을 확립했다.

18세기에 과학자들은 이산화탄소, 수소, 산소 등
여러 가지 기체를 발견하는 데 매달렸습니다.
그중에서 처음으로 발견된 기체는
오늘날 우리가 이산화탄소라고 부르는 것으로,
1754년 조지프 블랙의 치밀한 실험에 의해서였습니다.
공기가 한 종류의 물질이 아닌 혼합물이라는 사실을
처음으로 밝힌 것입니다.

우리는 공기 중에 여러 종류의 기체가
섞여 있다는 사실을 알고 있습니다.

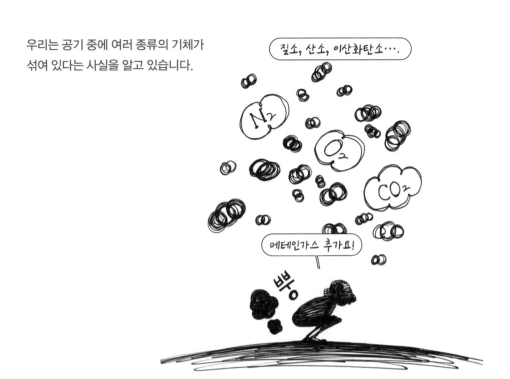

하지만 18세기 중반까지도
사람들이 생각한 공기라는 기체는
단지 하나의 원소일 뿐이었습니다.

그 이유는 아리스토텔레스 때문이었죠.

천문학 분야에서는 지상계와 천상계를 나누었던
아리스토텔레스 방식의 세계관을 이미 극복했고,

물리학 분야에서도 괄목할 만한
혁신이 이루어졌지만,

물질의 성질과 변화를 탐구하는 분야에서는
여전히 아리스토텔레스라는 큰 산을 넘지 못하고 있었던 거죠.

그 완고한 물질관에 균열을 내기 시작한 선구자들은 기체를 연구한 과학자들이었습니다.

그들은 다양한 실험으로 성질이 서로 다른 기체들을 하나씩 발견해나갔는데,

근대 화학으로 이어지는
기체 발견 여정의
첫 테이프를 끊은 사람이
바로 조지프 블랙이었습니다.

그가 실험을 통해
처음으로 발견한 기체는
바로 이산화탄소였습니다.

미지의 발견이 으레 그렇듯이
블랙이 처음부터 특정 기체의 발견을
노린 건 아니었을 겁니다.

블랙은 대학에서 의학, 해부학을
전공했는데 그가 다녔던 학교에
최신 지식에 생각이 트인 교수가 있었죠.

윌리엄 컬런 교수의 화학 수업에
매료된 블랙은 그의 조교로
늘 함께 연구했습니다.

1752년 무렵 박사 학위 논문을 앞두고 블랙이 붙들고 실험한 것은
탄산칼슘, 탄산마그네슘 같은 탄산염이었습니다.

탄산염은 물에 녹은
탄산 이온이 칼슘이나 마그네슘
등과 결합한 상태입니다.
석회석의 주성분도 탄산칼슘이죠.

오늘날에도 이산화탄소를
포집하기 위해 주로
석회석을 쓰는 것처럼,

석회석에 염산이나 황산을 반응시키면,

2 HCl

CaCO₃

CO₂

이산화탄소가 발생.

H₂O

CaCl₂

석회석(탄산칼슘)이 생석회(산화칼슘)로 변할 때,

석회석
CaCO₃

생석회
CO₂ CaO

뭔가 느낌 있어.

우리가 빠져나간다는 사실을
저자가 알아차릴 것 같다.

블랙은 석회석을 가열하거나
산과 반응시킬 때 생석회로
바뀌는 과정을 유심히 살폈습니다.

실험 과정에서 그는 반응 전과 후에 생성되는 물질의 무게를 측정하는 일에 집착했는데,

덕분에 당시까지 아무도 눈치 채지 못했던 중요한 사실을 블랙은 놓치지 않았던 거죠.

바로 반응 전의 물질에 비해
반응 후 생성된 물질이
가벼워졌다는 사실이었습니다.

변화 과정에서 물이나
다른 것들이 전혀 검출되지
않았다는 점이 확신을
더욱 뒷받침해주었습니다.

그는 기체를 포집해서
여러 실험을 해본 끝에
기체의 성질을 알 수 있었습니다.

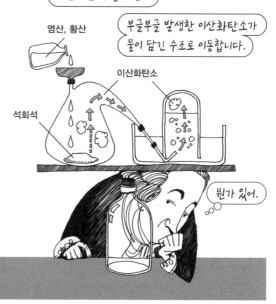

그리고 자신이 발견한 기체에 이름도 붙였습니다.
'고정된 기체(fixed air)'라고.

블랙은 이른바 고정된 기체에 관한
모든 연구 결과를 모아
1754년 논문을 제출하고
1756년 정식으로 출판했습니다.

이산화탄소라는 특별한 성질의 기체가 발견됨으로써
공기에 대한 기존의 개념이 바뀌게 되었고,

아울러 블랙의 연구 사례를 통해
과학계에서는 정량적 실험 방법이
얼마나 중요한지를
깨닫게 되었던 겁니다.

블랙은 또 물과 수증기에 관한 연구에서도
탁월한 성과를 올렸습니다.

잠열, 즉 숨은열은 물질이 고체와 액체,
액체와 기체 사이에서 상태변화를 할 때
흡수하거나 방출하는 열입니다.
이때는 열의 출입이 있지만
모두 물질의 상태변화에 쓰이기 때문에
물질의 온도가 변하지는 않지요.

끓는점에 도달한 물이 수증기로 변할 때도 물의 온도는 100℃에 머뭅니다.

어쨌든 기체에 대한 블랙의 집요한 호기심과 연구는
근대 화학의 문을 여는 열쇠가 되었을 뿐 아니라,
산업혁명에도 중요한 단서를 제공한 셈입니다.

제임스야, 너 내 말 무슨 말인지 알겠지?
위스키 만드는 애들한테는 소귀에 경 읽기더라고.

6

플로지스톤을 믿은 과학자들
캐번디시와 프리스틀리

헨리 캐번디시 Henry Cavendish (1731-1810)

영국의 화학자이자 물리학자이다. 수소 기체를 발견했고, 수소가 산소와
결합하면 물이 된다는 사실을 알아냈다.

조지프 프리스틀리 Joseph Priestley (1733-1804)

영국의 성직자이자 화학자이다. 산소 기체를 처음 발견했다. 산소의 발견은
화학반응에서 원소, 화합물에 대한 개념을 새롭게 이해하도록 했다.

18세기 후반까지도 많은 과학자가 불이란
물질에 든 플로지스톤이 방출되는 것이라고 생각했지요.
수소를 비롯한 많은 기체를 발견한
헨리 캐번디시도 플로지스톤을 믿는 편이었고,
조지프 프리스틀리는 산소를 발견하고도
플로지스톤을 여전히 믿은 탓에 화학 발전에
크게 기여한 공로를 다른 이에게 넘겨줘야 했습니다.

불은 강렬한 빛을 내며
뜨겁게 타오릅니다.

하지만 불은 어떤 물질이 아니라
연소 과정에서 생기는 현상이죠.

하지만 오래전 사람들은
불을 그 자체로 물질이라 여겼고,
활활 타는 불길은 어떤 물질이
빠져나가는 것이라고 생각했죠.

물, 불, 흙, 공기.

그 소리 이제 지겨워.

가까이서 자세히 봐.
뭔가 나가는 게 보이지?

지겨워.

눈썹 타는 건 느껴져요.

오늘날 과학 지식으로 보자면
공기 중의 산소는 물질이 타는
'연소 과정'에서 점점 줄어드는데,
당시 사람들은 반대로 물질이 탈수록
주변의 공기가 점점 늘어난다고
생각했던 것입니다.

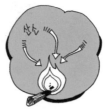

불에 타는 물질로부터 나온 무언가가
공기 중에 더해지는 걸로 이해했지.

알다가도 모르겠네.

근대 과학의 시대에 저명한
과학자들마저 현혹했던 그 가상의
물질이 '플로지스톤'입니다.

이름은 내가 붙였어.
내 이름은 게오르크 에른스트 슈탈.

있지도 않은 것에
이름 붙인 거 말고
달리 하신 건 뭐?

그거에 다 가려졌어.

무작정 우기는 게 아냐. 잘 보라고.

뭐 하시게?

일단 태워야지.

당시로서는 플로지스톤 이론을 믿은 과학자들의
주장이 그리 터무니없진 않았습니다.
예를 들어, 나무가 탈 때 자세히 들여다보면
뭔가 빠져나가는 것처럼 보이지 않나요?

자세히, 더 자세히,
보일 때까지 자세히.

불구경 볼만하네요.

게다가 다 타고 나면 재가 남는데
그 무게가 실제로 뭔가
빠져나간 것처럼 가볍습니다.

잘 타는 것일수록 플로지스톤을
많이 함유한 거라고 추측했을 테지.

나도 가벼워졌을까요?

그들은 폐쇄된 공간에서
산소가 소진되었을 때
연소가 끝나는 것도
나름대로 해석했습니다.

빠져나간 플로지스톤이
공간에 꽉 차게 되면 타다 마는 거지.

다 태우려면 집 평수를 넓혀야겠네요.

그런데 금속은 사정이 달랐습니다.
금속이 산화되면
전보다 더 무거워지거든요.

플로지스톤을 포기하지 못한 과학자들은
별별 억측을 다 하며 가상의 물질을 수호했습니다.

이후 18세기 후반 산소의 발견으로
연소 과정이 새롭게 정의되었고,
그제야 불을 설명하는 잘못된 단서였던
플로지스톤은 역사의 뒤안길로
사라지게 됩니다.

어쨌든 그 와중에도 과학자들은
각자의 관점에 따라
기체 연구에 정진했습니다.
1754년 블랙이 이산화탄소를
처음 발견했고,

두 번째로 발견된 기체는 수소입니다.

캐번디시는 아연이나 철, 주석 같은
금속이 산과 반응할 때
기포가 발생하는 걸 확인했습니다.

수소 기체는 금속이
산에 녹는 과정에서 발생하는데,
캐번디시는 기체가 금속에서
방출된다고 생각했습니다.

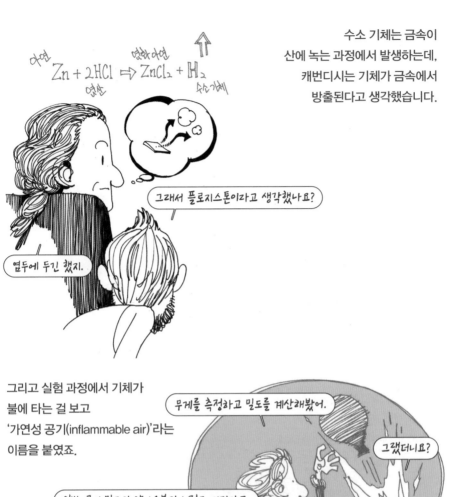

아연 $Zn + 2HCl$ 염화아연 $\Rightarrow ZnCl_2 + H_2$ 수소기체
염산

그래서 플로지스톤이라고 생각했나요?

염두에 두긴 했지.

그리고 실험 과정에서 기체가
불에 타는 걸 보고
'가연성 공기(inflammable air)'라는
이름을 붙였죠.

무게를 측정하고 밀도를 계산해봤어.

그랬더니요?

일반 공기 밀도의 약 14분의 1 정도 되더라고.

하늘을 나는 수소 기구를 발명할 수도 있었겠네요?

발명은 해서 뭐 해?
말도 못 할 정도로 부자였다니까.

1781년 캐번디시는
수소를 연소시키면 산소와 결합해
물이 된다는 사실도 알아냈습니다.

산소 얘기 왜 건너뛰어요?

산소 얘기 좀 길어. 내 얘기 끝난 다음에.

가연성 공기와 일반 공기를 혼합해
폭발시킨 용기 안쪽에 이슬이 맺히더라고.

그건 순수한 물이었어

그때는 이미 산소가 발견된 뒤였지만,
산소와 수소가 1 : 2의 부피 비로 결합해
물이 생성된다고 추론한 그의 실험과
직관은 놀라운 것이었습니다.

물의 화학식을 입증한 셈이네?

산소의 발견은 다른 어떤 기체의
발견보다도 극적이었습니다.

관점에 따라 다를 수 있지만
프리스틀리의 역할이 결정적으로
중요했던 점은 분명합니다.

그의 기체 연구는 당시
고정된 기체로 알려진 이산화탄소를
양조장에서 발견하면서
시작되었습니다.

그리고 그 기체를 물에 녹이면
인공 소다수가 된다는 것도
알게 되었습니다.

프리스틀리는 살림이 넉넉하지
않았지만 셸번 백작의 배려로
과학에 대한 호기심을
충족시킬 수 있었습니다.

프리스틀리의 가장 중요한 업적은
1774년 8월 1일에 일어났습니다.
밀폐된 플라스크에
산화수은을 넣고 가열하는 과정에서
신기한 현상이 나타났던 것입니다.

이렇게 기체를 포집할 수 있게 한 다음,
태양열을 렌즈로 모아 쏘았지!

그랬더니 뭐가 나왔는지 알아?

산화수은

뭐요?

순수한 수은과 마시면 뿅 가는 공기!

그 공기는 촛불을 더 잘 타게 하고,
마시면 기분도 좋아지는
특별한 기체였습니다.

쥐 두 마리도 마시고 좋아서
어쩔 줄 몰라 하며 오래 살았대요.

그 특별한 기체는 산소였기 때문에 연소를 돕는 것이 당연했지만, 프리스틀리는 플로지스톤에 발목이 잡혔습니다.

이 기체 속에서 더 잘 타는 건, 플로지스톤이 더 잘 빠져나올 수 있다는 거겠지?

예?

그러니까 이 기체는 보통 공기와 달리 플로지스톤을 받아들일 여유가 많다는 거겠지?

점점?

이건 플로지스톤이 없는 기체야.

맙소사.

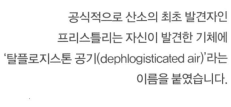

탈플로지스톤 공기라니! 내가 생각해도 내가 너무 대견하다.

공식적으로 산소의 최초 발견자인 프리스틀리는 자신이 발견한 기체에 '탈플로지스톤 공기(dephlogisticated air)'라는 이름을 붙였습니다.

산소 드시고 들뜨셨네.

생각할수록 너무 대견하다.

프리스틀리는 불의 비밀을 풀고 가장 위대한
근대 화학자로 이름을 남길 수도 있었지만
연소 과정을 설명하기에는 역부족이었나 봅니다.

그럼에도 프리스틀리는 자신의
식견을 제대로 검증받기 위해
누군가를 찾아갔습니다.

계십니까?

왜 찾아간 거지?

기분 좋은 기체를 많이 마셔서 기분이 좋은 나머지
터놓고 얘기하고 싶었나 보지.

계십니까?

?

그 사람은 바로 앙투안 라부아지에였습니다.

7

화학 혁명의 비극
앙투안 라부아지에

앙투안 라부아지에 Antoine Lavoisier (1743-1794)

프랑스의 화학자. 다수의 과학자들과 달리 플로지스톤의 존재를 믿지 않았던
라부아지에는 새로운 연소 이론을 확립했고, 꾸준한 정량적 실험을 통해
질량보존의 법칙을 세웠다.

산소, Oxygen, 원소기호 O, 원자번호 8번,
일반적으로 원자 두 개가 결합한 기체 상태로 존재.
18세기 산소의 정체가 밝혀졌던 때를
사람들은 화학 혁명의 시대라고 부릅니다.
그 시대를 연 주인공은 앙투안 라부아지에였습니다.

1774년 영국의 프리스틀리가
파리의 라부아지에를
찾아왔습니다.

그 무렵 프리스틀리는
새로운 기체를 발견한 터라
적잖이 들떠 있었습니다.

프리스틀리는 자신의 발견에 대해
장황하게 설명했겠죠?

수은재를 가열해서 얻은 건데 말이오.
글쎄 이 기체 속에서 촛불이 활활 더 잘
타지 뭐요. 그러니까 이것은 물질이 탈 때
플로지스톤이 더 잘 빠져나오도록 하는
기체다 그 말씀이오. 다시 말해 이것은
플로지스톤이 없는 기체다 그 말씀이지요.

머라카노?

활활 탈 때 뭔가 빠져나오는 게 아니고,
뭔가 더해진다는 느낌적 느낌이 드는데.

사람이 말하는데 딴생각하고 있는 거요?

하지만 얘기를 듣는 내내
라부아지에는 머릿속으로
딴생각을 하고 있었을 겁니다.

라부아지에는 당시
다수의 과학자들이 생각했던 것과
달리 플로지스톤의 존재를
믿지 않았기 때문입니다.

플로지스톤 타령 지겹다니까.

오히려 물질이 타는 건 어떤 공기가
더해지는 현상일 거라고.

내 말이 너무 어려워서 그러시오?

이 자가 발견했다는 공기가
어쩌면 내가 생각하는 그건가?

반응이 별로니 난 가겠소.

그는 프리스틀리가 말한 기체가
자신이 최근에 실험을 통해 추측했던
연소와 **하소***에 직접 관여하는
기체일 거라고 생각했습니다.

그 기체는 바로 산소입니다.

Oxygen

원소기호 O, 원자번호 8번,

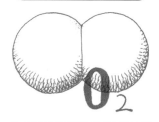

O_2

일반적으로 원자 두 개가 결합한
기체 상태로 존재.

---

* **하소**
고체를 가열해서 열분해하거나 휘발 성분을 제거
하는 열처리 과정.

프랑스의 명문가에서 법관의 아들로 태어난
라부아지에는 아버지의 바람대로
법관이 되는 공부를 했습니다.

그러나 그의 관심은
온통 과학이었습니다.

교수님은 저한테 각별하시네요.

재주도 많고 금수저도 문 너 말고 누굴 밀어주겠니?

교수들은 라부아지에의 재능과 열정을 아낌없이 격려하고 후원했으며,

라부아지에는 그에 보답이라도 하듯 강의, 연구, 탐험 등에 열심히 참가했습니다.

주엘 교수의 화학 강의,

게타르 교수의 지질학 탐험….

참 부지런하네.

이게 다 꼭 뭘 바라고 하는 거 맞아요.

덕분에 라부아지에는 남들보다 일찍
과학 아카데미의 일원이 될 수 있었고
제도권 학회에서 안정된 연구에
전념할 수 있었습니다.
그리고 재물 모으는 일도
게을리하지 않았답니다.

최연소 아카데미 회원이 된 걸 축하하네.

열심히 한 보람이 있네요.

라부아지에는 당시 사람들이 가졌던
한 가지 통념을 깨트리면서
과학계의 큰 주목을 받기 시작했습니다.

세금 징수 대리인으로
돈 많이 벌었죠.

돈과 명예, 두 마리 토끼 다 잡았네.

욕심 부리다 탈 날 텐데⋯⋯.

물을 불로 가열하면
흙이 된다는 생각이었어요.

봐! 물이 다 증발하고
찌꺼기가 남은 거 보이지?

암!

그게 물이 흙으로 변한 거라고?

물, 불, 흙, 공기가 단일 원소라고
생각하지 않았던 라부아지에는
남다른 방식으로 실험을 했습니다.

무게를 재봤어요.

무슨 무게?

가열하기 전과 후의 모든 물질과 기구 몽땅.

그랬더니?

물 담았던 그릇 무게가 줄었어요.
반응 후 남은 찌꺼기만큼.

나는 너의 일부였어.

....

그게 그게 아니고 그거였구나?

좀 허무하네.

그래서 얻은 결론은, 물이 흙으로 변한 게 아니라
용기가 녹아서 침전물이 생겼다는 사실이었습니다.

매사에 정밀하게 무게를 재고 있으면
어떤 말이 자꾸 떠오르는데.

어떤 말?

질량보존이랄까···?

라부아지에는 화학 연구에서
정량적인 실험이 얼마나 중요한지
누구보다 확실히 깨우쳤던 겁니다.

그 무렵 라부아지에는
새로운 실험에 몰두했는데,
그 결과를 통해 공기 중의 일부가
주석과 결합한 것이라는
대담한 생각을 하게 되었고,

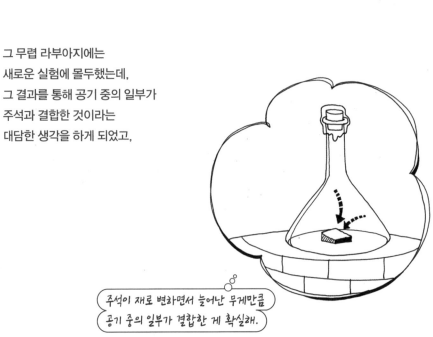

공기는 단일 원소가 아니라
적어도 두 가지 이상의 혼합물이라는
사실을 증명할 수 있게 되었죠.

라부아지에에는 수은으로
같은 실험을 해보았지만
결과는 마찬가지였습니다.

바로 그즈음 프리스틀리가
라부아지에를 찾아왔던 것입니다.
프리스틀리와 라부아지에는
같은 공기를 발견했지만
실험 과정은 정반대였던 거죠.

영리한 라부아지에는 프리스틀리가
발견했다는 '탈플로지스톤 공기'가
자신의 실험 과정에서 줄어든 공기와
동일한 것임을 금방 알아챘습니다.

하지만 그 새로운 기체를 대하는
생각과 방식은 프리스틀리의
경우와 전혀 달랐던 거죠.

플로지스톤이라는 건 대단한 착각이다.

더 나아가 라부아지에는
그 기체가 연소에 어떤 역할을
하는지 증명해나갔습니다.

물질이 이 기체와 결합하는 과정에서

열도 나고 빛이 나는데,

기체

빛

열

물질

불이야!

그걸 보고 사람들이 불이라고 부르는 거지.

산소
산소

연소
Combustion

하소
Calcination

금속이 녹스는 것도
마찬가지 반응이고.

그리하여 물질이 불에 타고 금속이 산화하는
연소와 하소의 비밀을 풀게 되었고,
오랫동안 불을 설명하기 위해 동원되었던
플로지스톤 이론은 과학의 장에서
자취를 감추게 되었던 겁니다.

훗날 사람들이 이걸 두고
화학 혁명이라고 부르겠지?

내 덕 본 얘기는 왜 안 해?

Marie Anne Lavoisier

마리 앤 라부아지에는 그의 부인이자
학문적 파트너이기도 했습니다.

내가 너를 불러주기 전에는····.

그래서 뭐라고 불러줄 건데?

왜?

산소!

이게 인과 결합해서 인산이 되더라고.
그래서 산성을 만드는 기체라는 뜻으로.

라부아지에는 그 기체에
제대로 된 이름을
붙여주고 싶었습니다.

아울러 그때까지 이리저리 불리던
원소들을 보다 체계적으로 부르는
명명법도 마련되었습니다.

이름만 들어도 화합물의 구성 요소를 알 수 있게.

예를 들면?

황화납.

황과 납이 결합되었다는 걸 알 수 있지?

원래 이름은 뭐였는데?

꾸준히 정량적인 실험을 한 끝에
중요한 과학의 법칙도 세웠죠.

갈레나(galena).

질량보존의 법칙!

뭐라고?

반응 전 모든 물질의 총량은
반응 후에도 달라지지 않는 거다.

TRAITÉ
ÉLÉMENTAIRE
DE CHIMIE,
PRÉSENTÉ DANS UN ORDRE NOUVEAU
ET D'APRÈS LES DÉCOUVERTES MODERNES,
PAR M. LAVOISIER

A PARIS.

화학 혁명이라고 불릴 만한
라부아지에의 모든 연구 업적이 수록된
《화학 원론》이 출간된 해는 1789년.

프랑스혁명!

세금 징수원으로 돈을 벌었던
전력이 문제가 되었고,

라부아지에는 결국 1794년 단두대의 이슬로 사라졌습니다.

8

위대한 가설, 원자론
존 돌턴

존 돌턴 John Dalton (1766-1844)

영국의 화학자이자 물리학자이다. 물질의 가장 기본적인 단위인 원자를
규정하고, 정량적 실험을 통해 얻어낸 자료로 물질의 기본 원자량을 매겼다.
이는 많은 과학자가 더욱 정교한 원자모형을 구상하는 초석이 되었다.

과학자들의 관심 밖에서 행해지던 연금술이
물질의 성질과 변화를 정량적으로 다루는
화학으로 발전하던 시대에 존 돌턴은
모든 원소가 제각각 고유의 성질을 가진
최소의 기본 입자로 구성된다는 근대적인
원자론을 제안하면서 화학 연구에 필요한
중요한 단서를 제공했습니다.

사람들은 대체로 직접
눈으로 보지 못하는 것에 대해
믿지 않으려 합니다.

초월적인 존재나 초자연적 현상을 믿는
종교나 민간신앙 또는 오랜 관습의
영역을 제외하곤 말이죠.

적어도 과학의 영역에서는
철저히 경험적이고 감각적인 연구 대상만을
다룬다는 것이 일반적인 생각입니다.

그런데 오늘날에는 첨단 과학일수록
우리가 맨눈으로 보지 못하는
미시 세계에서 벌어지는 현상들을
연구 목표로 삼으며,

또한 그 모든 연구의 바탕에는
일상에서는 결코 볼 수도 만질 수도 없지만
엄연히 존재하는 것이 있습니다.

너 지금 과학자가 돼가지고
뻔히 보이는 걸 연구하고 있냐?

안 보여도 이건 믿어야 된다.

왜요?

이걸 안 믿으면 과학이 안 되니까.

그게 뭔데요?

바로 물질의 최소 단위인 원자(atom)죠.

원자라는 개념을 처음으로 상상한
기원전 400년경에는 더 말할 것도 없지만,

2,000년 넘게 잠들어 있던 원자론이
과학의 무대에 다시 등장했던 19세기에도
원자는 여전히 관찰할 수 없는 존재였습니다.

그래서 상식에 위배된다는
이유로 고대 철학자들이
원자론을 폐기했던 것처럼

근대의 과학자들 또한 눈에
보이지 않는 원자의 실체에 관해
오랫동안 실랑이를 벌였습니다.

비교적 유연한 상상을 하는 이들과
오로지 실증만을 앞세운 이들이
팽팽하게 맞서면서 20세기 초까지
지난한 논쟁을 이어간 주제, 원자론.

그 뜨거운 감자를 근대 과학 세계에
들고 나타난 사람은 영국의 자수성가형
과학자 존 돌턴이었습니다.

돌턴은 형제가 많은 가난한 집안에서
자랐지만 학구열이 왕성했고,
수학과 자연과학에 관심이 높았습니다.

누가 시키지도 않았는데 수학 공부를
왜 그렇게 열심히 하냐?

가만있으면 영영 안 시킬 거 같아서요.

열다섯 살 때부터 규칙적이고
치밀한 기상관측을 할 정도로
천생 과학자였죠.

50년 넘게 꾸준히 관측하고 기록하고 연구했어요.

기상학을 향한 열의는
자연스럽게 대기 성분인
기체에 관한 탐구로 이어졌습니다.

압력, 온도에 따른 기체의 부피 변화.
그런 건 보일이 먼저 했지.

Robert Boyle

질량 비율에 관해서는?

Joseph Louis Proust

그것도 프루스트가 간발의 차이로 먼저 했지.

호랑이는 죽어서 가죽을 남기고
과학자는 법칙을 남기지.

돌턴이 과학자로서 조금씩 명성을
얻어갈 무렵 이미 몇몇 과학자들이
실험을 통해 화학반응에 관한 유명한
법칙들을 내놓은 상태였습니다.

라부아지에가 화학반응에
사용된 물질의 반응 전과 후의
질량 총합은 변하지 않는다는
사실을 밝혔고,

1779년 조제프 프루스트는
일정성분비의 법칙을 발표하기도 했죠.

물론 1803년 돌턴도
자신이 발견한 법칙 하나를
과학사에 추가했습니다.

두 원소가 서로 다른 화합물을 만들 때
한 원소와 결합하는 다른 원소의 질량은
간단한 정수비를 이룬다.

이른바 배수비례의 법칙입니다.

예를 들어, 탄소와 산소가 결합해서
일산화탄소나 이산화탄소 같은 화합물을 만들지?

일산화탄소로 결합할 때는 탄소 1g에 산소 1.33g,
이산화탄소일 때는 탄소 1g에 산소 2.66g.

탄소1g   탄소1g

산소 1.33g   1 : 2   산소 2.66g

CO   CO₂

각각 같은 질량의 탄소에 반응하는
산소의 질량비가 1 : 2. 정수비잖아?

모두 엄밀하고 정량적인 실험을 통해
얻어낸 경험적 사실들이었지만
한 가지 문제가 남아 있었습니다.
화학반응에서 원소들이
왜 그런 법칙을 따르는지
어떤 과학자도 분명한 이유를
찾지 못했던 겁니다.

돌턴에게 주어진 시대적 과제가
바로 그 문제를 해결하는 것이었습니다.

돌턴은 물질의 근본적인
형태와 속성을 이해하는 것이
문제를 푸는 길이라고 생각했습니다.

불변속적인 정수비가 된다는 건 항상
기본적인 단위가 있다는 뜻인데….

그러니까 물질이 기본적인 입자로
생겨먹었다고 가정한다면?

그리고 모든 원소가
고유의 질량 값을 가지고 있다면?

가장 가벼운 원소의 원자량을 일단 정해놓고,

비교를 해보자고.

확신을 가지고 원소들의 상대적 질량,
즉 원자량을 매겨보았죠.
기준으로 삼은 것은 수소의 질량이었습니다.

Hydrogen

그래! 수소의 원자량을 1로 정하자.

그렇게 해서 그는 물질의
기본 원자량들을 매겨나갔습니다.

돌턴은 원자를 규정했고,

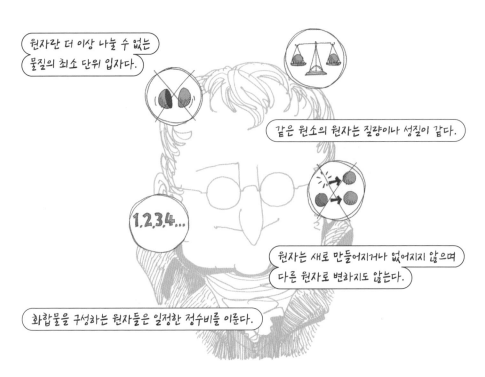

1808년 그 모든 내용을 담은
《화학 철학의 신세계》를 출간했습니다.

원소들을 상징하는 기호도 만들었어.

원자는 전자, 양성자, 중성자,
더 나아가 쿼크 등으로 또 나뉠 수 있지.

같은 동위원소의 원자라도
원자량이 다른 것들이 있고.

핵융합이나 핵분열로
다른 원자로 바뀔 수도 있지.

19세기 초에 내가 그런 걸
어떻게 알았겠냐고?

돌턴이 구상한 원자론은
현대 과학의 관점에서는
한계가 있었지만

그의 원자론은 과학사에서
매우 중요한 가설이었습니다.
그리고 이후 많은 과학자가 더욱
정교한 원자모형을 구상하는 데
단초가 되었습니다.

톰슨, 러더퍼드, 보어….

원자론을 우리가 발전시켰어.

우리가 원자 덕 좀 봤지.

Joseph John Thomson

Ernest Rutherford

Niels H. D. Bohr

훗날 스타 과학자 리처드 파인만은
세상에 단 하나의 과학 지식만을
남길 수 있다면 그건 당연히
원자 가설이어야 한다고 했습니다.

내가 그랬나? 하하하하하.

농담도 잘 하시네.

원 없이 연구했다.

돌턴은 1822년
왕립학회 회원이 되었고
생을 마감할 때까지
과학에 헌신했습니다.

그런데 앞서 보았듯이
그의 원자론은 부분적으로
오류가 있었습니다.

원자 대부분은 자연 상태에서
분자 단위로 존재한다는
사실을 몰랐기 때문입니다.

그래서 다시 풀기 어려운
난제가 등장했고,

그런 결함을 해결하기 위해 과학계는
또 한 명의 천재 과학자를 기다려야 했습니다.

9

모순을 해결한 천재의 직관
아메데오 아보가드로

아메데오 아보가드로 Amedeo Avogadro (1776~1856)

이탈리아의 물리학자이자 화학자이다. 모든 기체의 성질을 나타내는 최소
입자 단위인 분자를 정립했다. 아보가드로의 업적을 기려 단위 부피 속에 든
입자 개수의 근사치를 '아보가드로수'라고 부른다.

물질의 최소 단위를 규정한 돌턴의 원자론은
매우 뛰어난 업적이었지만 기체들의 화학반응을
제대로 설명하기에는 역부족이었습니다.
자연 상태의 기체 대부분은 원자 몇 개가 결합한
또 다른 물질 단위인 분자로 존재했기 때문이죠.
이탈리아의 과학자 아메데오 아보가드로는 처음으로
그 문제의 실마리를 풀어 화학 발전에 기여했습니다.

원자들은 틈만 나면 전자를 서로 주고받거나 공유하면서 화학반응을 일으킵니다.

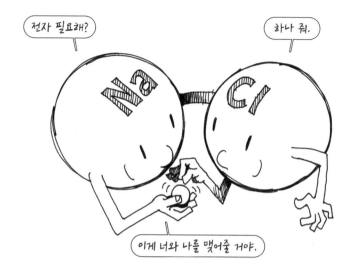

왜냐하면
원자가 좀 더 안정된 상태가 되려 하기 때문이에요.

원자는 중심에
원자핵이 있고,
이 주변을 따라 돌며
궤도를 만드는 전자로
이루어져 있습니다.
각각의 궤도에는
들어갈 수 있는 전자의
수가 다릅니다.

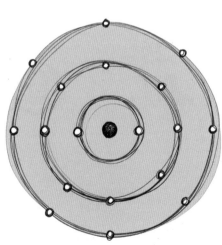

첫 번째 궤도에는 두 개,
두 번째 궤도는 여덟 개,
그다음 궤도까지 더하면
열여덟 개인 것처럼
원자핵에서 멀어질수록
그 수는 더 많아지지요.
그런데 궤도에 전자를
다 채우지 못하면
원자는 불안정한
상태가 됩니다.

결국 수를 채우기 위해
다른 원자와 결합하는 것이지요.

이제야 안심이 되네.

왜 채워야 안심이 돼?

우리 집안 가훈이래요.
더도 말고, 덜도 말고.

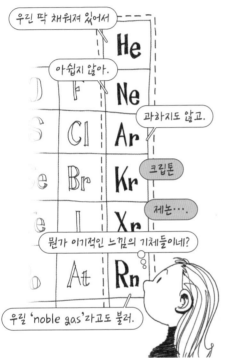

우린 딱 채워져 있어서

아쉽지 않아.

과하지도 않고.

크립톤

제논···.

뭔가 이기적인 느낌의 기체들이네?

우릴 'noble gas'라고도 불러.

헬륨, 네온, 아르곤처럼 원소주기율표
18족에 해당하는 비활성기체(inert gas)를
제외하면 기체 대부분은
자연 상태에서 분자 상태 혹은 화합물로
뭉친 형태로 존재합니다.

이산화탄소는 산소 원자 두 개와 탄소 원자 하나.

CO_2

O_2

산소는 산소 원자 두 개.

NH_3

암모니아는 질소 원자 하나에 수소 원자 세 개.

이렇게 원자들의 결합으로
물질의 화학적 성질을 나타내는
기본 단위를 분자라고 하는데,
화학 연구를 위해서는
꼭 필요한 개념이죠.

18세기부터 이어진 기체 연구는 19세기에 패러데이와 같은
과학자들의 노력으로 더욱 진전된 성과를 이루었습니다.

그중에서도 매우 중요한 법칙을 발견한
사람은 프랑스의 한 과학자였습니다.
게이뤼삭은 남부럽지 않은 집안에서
자란 덕에 좋아하는 과학 실험과
연구를 원 없이 할 수 있었습니다.

그는 꾸준히 기체에 관심을 가지며
많은 실험을 했습니다.

열기구를 타고 높은 상공을 비행하며
대기 성분을 조사하기도 했죠.

남다른 연구를 하시네?

가진 게 남다르니까.

그런데 왜 사서 고생을 하실까?

고도가 높아져 압력이 낮아져도
공기의 구성 성분은 달라지지 않아.

내 기분은 달라졌어요.

약 7,000m 상공까지 올라가는 동안
여러 다른 높이에서 공기가
어떤 상태인지 관찰했는데,

울렁거려요.

어떻게?

그 과정에서 수증기는 수소와 산소가
일정한 정수비로 결합해 있다는
사실을 발견했죠.

화학반응에서

반응한 기체와 생성되는 기체의 부피는

간단한 정수비를 갖는다!

게이뤼삭은 1810년
기체반응의 법칙을 발표했습니다.
그런데 그의 법칙은 곧바로 문제를 불러일으켰습니다.

당시 과학계에서 호응을 얻어가고 있던
돌턴의 원자론과 모순되었기 때문이죠.

그도 그럴 것이
게이뤼삭의 법칙을 만족시키려면
원자는 쪼개져야 했습니다.

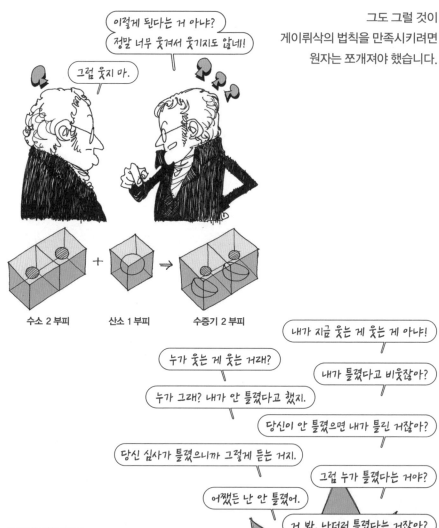

수소 2 부피   산소 1 부피   수증기 2 부피

돌턴은 반발했고
게이뤼삭도 물러날 위인이
아니었습니다.

아메데오 아보가드로.

아보가드로는 법률가 집안에서
태어나 일찍부터 법률 공부를 하고
20대에 법조인으로 활동했습니다.
부러울 것도 아쉬울 것도 없는
사회적 위치에 있었지만 그는
과학자가 될 운명이었나 봅니다.

자네는 법조계를 이끌어갈 기둥이야.

왜 아니겠어? 근데 요즘 딴생각도 좀 들어.

뭔 생각?

뭐랄까, 법보다 좀 더 근원적인 것에 대한 생각이랄까?

숫자, 법칙, 실험,
그런 세상의 이치에 끌려.

나는 끌어들이지 마라.

20대에 재미 붙인 수학과 과학의
매력에 빠진 아보가드로는
뒤도 돌아보지 않고 진로를 바꿨죠.

떠날 때가 됐다.

학위랑 직장이 아깝지 않아?

아까운 건 내 안의 잠재력이지.

영국이나 독일, 프랑스 등지에서
활발하게 연구하던 과학자들과
교류하지는 않았지만, 그는 독학으로
과학 지식을 터득해나갔습니다.

기념비적인 아보가드로의 가설을 제시한 때는 1811년이었습니다.

프랑스의 한 과학 저널에 발표된 소박하면서도 대범한 논문을 통해서였죠.

논문에서 아보가드로가 물질의 기본 단위를 일컬어
사용한 용어는 원자가 아닌 다른 것이었습니다.

분자 개념은 돌턴과 게이뤼삭 간의 해묵은 논쟁을 한방에 해결할 수 있는 것이었습니다.

수소와 산소가 반응해 물이 되는 예를 볼까요?

돌턴의 원자론도 게이뤼삭의 기체반응의 법칙도 모두 만족시켰습니다.

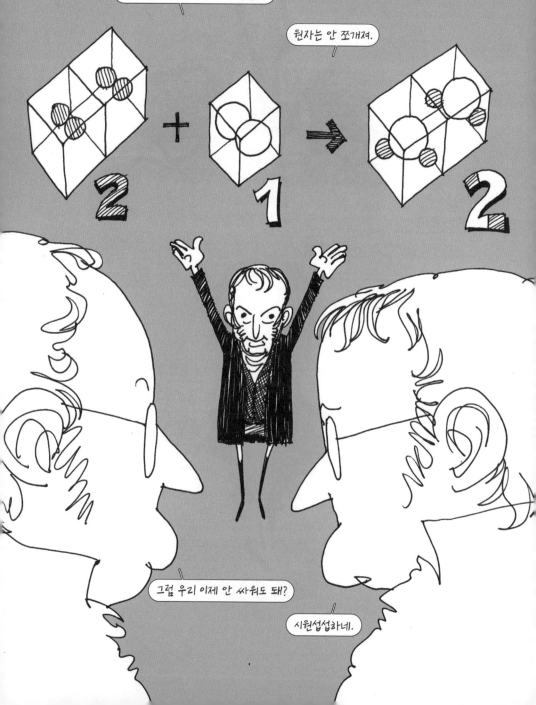

하지만 과학계는
아보가드로의 해결책을
선뜻 받아들이지 않았습니다.

하루아침에 싸움을 관둘 수는 없잖아?

애도 아니고 명색이 과학자인데.

당시 아보가드로는 왕립학회 회원이거나
번듯한 대학교수도 아니었고
그저 한적한 시골의
과학 교사였기 때문였을까요?

하지만 내 맘속에서는 돌턴과 게이뤼삭이 이미 화해했다고.

내 가설은 화학반응에서 원자량과 분자량을 계산하는 데 큰 도움이 될 거야.

어쨌든 분자를 규정한 아보가드로의 가설에 따르면 모든 기체는 종류를 불문하고 같은 온도, 같은 압력에서 같은 부피 속에 같은 수의 입자를 포함합니다.

뛰어난 직관과 획기적인 발상이었음에도 분자라는 생소한 개념 탓에 주목 받진 못했지만,

같은 온도, 같은 압력, 같은 부피 속에 같은 수의 분자···.

뭐라는겨?

몰라. 마음속의 화합이래나 뭐래나?

훗날 이탈리아 과학자 스타니슬라오 칸니차로의 부단한 노력으로
아보가드로의 가설은 과학계에서 인정받게 되었습니다.

그리고 20세기에 들어 과학자들은 치밀한 연구와 측정으로 단위 부피 속에 든 입자의 개수를 계산해서 근사치를 얻었는데, 그 개수를 포함하는 단위를 '몰(mol, mole)'이라고 부릅니다.

아보가드로의 업적을 기려서 이걸 '아보가드로수'라 부르자고.

molecule

몰큘에서 따온 거죠?

당연하지.

아보가드로는 과학사에서 화학과 물리학이 다시 한 번 올바른 경로를 찾을 수 있도록 이정표를 세운 명석한 인물이었습니다.

왜 아니겠어?

10

땅의 비밀을 밝힌 사람들
찰스 라이엘

찰스 라이엘 Charles Lyell (1797-1875)

영국의 지질학자. 각지를 여행하며 지질학 연구를 수행했다. 지질 현상을 통일적으로 설명하고 근대 지질학의 기초를 다졌다. 지질학의 아버지로 불린다.

지질학은 과학 분야 중에서 기독교의 권위에
오래도록 붙잡혀 있었습니다.
지구의 나이와 지층의 생성, 암석의 순환 등에 관한
근대적이고 과학적인 견해는 18세기 후반이 되어서야
자리 잡기 시작했습니다.
지질학의 역사에서는 찰스 라이엘의
저서《지질학의 원리》가 출간된 1830년을
근대 지질학의 서막으로 여깁니다.

17세기 중반 유럽에서
출판된 성경 중에는
지구가 창조된 시점을 떡하니
표기해놓은 것도 있었습니다.

창조일: 기원전 4004년 10월 23일

원래 성경에 날짜가 나와 있어?

아니, 누가 계산했대.

누가?

1654년에 영국의 주교 제임스 어셔가
창세기 내용을 요목 조목 따져서
지구의 나이를 계산한 거였죠.

지구 나이는 6,000년
창조 시기는 기원전 4004년이란다.

James Ussher

방사성 연대 측정은 해보셨어?

믿음만 있으면
그딴 거 필요 없단다.

믿는 사람이 들어도 좀 민망해할 텐데?

지동설이 발표된 지 100년도
넘었지만 지구와 지질 분야는
여전히 과학의 시선에서
멀리 떨어져 있었습니다.

천체, 역학, 기체 연구도 좋지만
땅에도 좀 관심 가져야 되지 않을까?

우리가 과학자지, 농부여?

1681년 영국의 성직자
토머스 버닛은 오래전
한순간에 지구의 모양이
망가진 것이라 주장했고,

아담과 이브가 살았던 지구는
이렇게 울퉁불퉁하지 않았지.

그럼?

처음 창조되었을 땐
완벽하게 동그랗고 매끈했지.

Thomas Burnet

어쩌다 구겨졌는데?

TELLURIS
Theoria Sacra

십일조 내는 사람한테만 가르쳐주지.

《지구에 관한 신성한 이론》, 1681년

존 우드워드는 노아의 홍수가
실제 사건이었음을 보여주는 증거가
암석의 층이라는 의견을
내놓기도 했습니다.

그런 식으로 종교적 권위를
옹호하려 했던 경향은
지질학에 관한 격변설(catastrophism)과
수성론(neptunism)으로 이어졌습니다.

18세기에는 성경과 무관한 접근 방식으로 지구의 나이를 추론한 주목할 만한 소수 의견도 나왔습니다. 프랑스의 계몽주의자 조르주루이 르클레르 드 뷔퐁 백작은 지구의 나이가 최소 7만 4,832년이라고 주장했습니다.

벌겋게 달군 쇠공이 식을 때까지 시간을 재고 크기 비율에 따라 계산을 한 거였죠.

수성론자들의 생각과 정반대로
불의 역할을 강조한, 니콜라 데마레의
화성론(plutonism)도 등장했습니다.

그리고 18세기 후반에 이르러
지질학은 서로의 견해가 상반되었던
제임스 허턴과 아브라함 고틀로프 베르너,
걸출한 두 인물이 등장하면서
명실상부한 실증과학의
모습을 갖추게 되었습니다.

왕성하게 각지를 탐사하며 관찰한 그는
지층의 부정합(uncomformity)을 발견했습니다.

이렇게 지질 구조가 불연속적인 형태를
띠는 건 지층 간에 여러 작용이 오랜
시간에 걸쳐 이루어졌다는 증거야.

바다 밑의 퇴적물이 압축되어 퇴적층을 형성,

뒤틀리고 융기하면서 변형,

풍화·침식 과정으로 암석이 녹아 마그마로,

또다시 퇴적과 융기.

돌고 돌겠네?

우리가 알고 있는 암석의 순환도
허턴의 발견과 연구 결과에 기초한 것입니다.

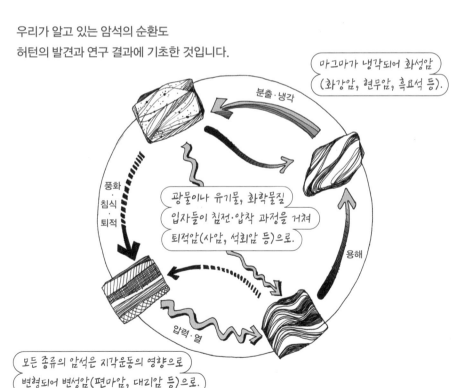

분출·냉각

마그마가 냉각되어 화성암
(화강암, 현무암, 흑요석 등).

풍화
·
침식
퇴적

광물이나 유기물, 화학물질
입자들이 침전·압착 과정을 거쳐
퇴적암(사암, 석회암 등)으로.

용해

압력·열

모든 종류의 암석은 지각운동의 영향으로
변형되어 변성암(편마암, 대리암 등)으로.

내가 격변설을 집대성하기에 딱 좋은 타이밍이었지.

왜?

더 늦으면 격변설로 큰소리 못 칠 테니까.

끝물이었단 소리?

지식 사회는 새로운 지질학을 받아들이기보다 익숙한 격변설을 다듬는 쪽을 선호했습니다.

베르너 역시 지층에 뒤섞여 분포된 다양한 암석과 화석을 주목했지만 허턴과는 관점에서부터 달랐습니다.

퇴적 순서에 상관없이 이렇게 뒤죽박죽 섞이려면 뭔가 큰 사건이 벌어졌어야 해.

오호!

해저의 갑작스런 융기, 갑작스런 퇴적, 갑작스런 물의 흐름 같은.

예를 들면?

위력적인 홍수랄까?

이처럼 격변설이 주류 학설로 유행하던 시절,
1827년 어떤 법률가가 지질학에
뛰어들었습니다.

저는 그동안 건성으로 일했던 법률가를 오늘부로 관두렵니다.

뭐 하려고?

지질학이요.

땅 파서 먹고살려고?

집이 부자예요.

찰스 라이엘은 격변설 지지자였던
윌리엄 버클랜드에게
지질학을 배웠지만
차츰 생각이 달라졌습니다.

갈수록 저는 허턴의 이론에 더 끌립니다.

지구 역사는 언제 시작했는지 알 수 없고 또 언제 끝날지
예측할 수도 없다고 하는 그 무신론 말이가?

무신론은 아니고 저는
동일과정설이라 부르고 싶네요.

그게 그거지!

William Buckland

라이엘에겐 성경과 동일과정설을
절충하는 묘안이 있었습니다.

우주를 창조하신 것도 맞고, 동일과정설 같은
자연 법칙도 함께 창조하셨다. 어때요?

영리하네.

동일과정설에 따르면
현재를 통해 아득한 과거로부터의
지구 변화의 모습을 떠올릴 수 있습니다.

오늘날 우린 지구 표면의 변화를
거의 느끼지 못하죠?

매우 천천히 진행되기 때문이거든요.

과거에도 그랬다는 거죠.

지층과 화석 들은 한순간에 생긴 게 아니라고요.

라이엘은 19세기의 지질학자로서 보여줄 수 있는
최선의 연구 결과를 《지질학의 원리》에 담았습니다.

제1권은
지구 표면과 암석의 순환에 관해.

제2권은
생명체의 점진적 변화에 대해.

제3권은
퇴적층 아래 놓인
지층을 분류하는 체계에 관해.

지질학계뿐 아니라 대중 사이에서도
《지질학의 원리》는 엄청난 인기를 누렸습니다.

너도 나도 다 읽는 베스트셀러!

너도 그 책 샀나?

대홍수는 그렇다고 쳐. 하지만 격변설을 아예
부정하면 빙하기도 없었다는 거냐?

빙하기는 점진적인 변화였지.

백악기 공룡 멸종은 어떻게 설명할래?

자연스럽게 격변설은 지질학의
무대 뒤로 물러나고 동일과정설이
주인공이 되었지만 오늘날 지구과학에서
두 이론은 상호보완적입니다.

한 가지만으론 모두를 설명하기에 부족해.

님도 그 책 샀어요?

비글호를 타고 탐험의 길에 오른 다윈의 손에는
라이엘의 《지질학의 원리》가 들려 있었습니다.

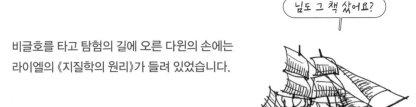

11

상상의 권리, 논란의 기원
찰스 다윈

찰스 다윈 Charles Darwin (1809~1882)

영국의 생물학자이자 진화론자이다. 《종의 기원》에서 생물이 따로따로 창조된 것이 아니라, 자연선택에 의해 진화한다는 진화론의 토대를 세웠다.

150여 년 전 출간되어 지금도
인간 존재의 기원에 관한 논쟁의 중심에 있는 책,
《종의 기원》에 담긴 내용을 따른다면
"콩 심은 데 콩 나고 팥 심은 데 팥 난다."라는
속담조차 무색해집니다.
다윈이 주장한 '자연선택' 개념은
근본적으로 종이란 고정된 채로
불변한다는 생각을 거스르기 때문입니다.

1858년 6월 18일,
찰스 다윈은 박물학자
앨프리드 러셀 월리스의
편지를 받고 충격에
휩싸였습니다.

월리스가 보내온 논문은
과정에서 결론에 이르기까지
자신이 연구한 내용과
거의 일치했기 때문입니다.

자칫하면 지난 20년간의 노력이
물거품이 될 수도 있다는 생각에
다급해진 다윈은 라이엘에게
자문을 구했고,

선생님, 꾸물대다가 선수를 뺏기게 생겼습니다.
이 일을 어쩌면 좋습니까?

자네가 진화론 연구한 거 나도 안다.
내가 월리스한테 잘 말해보지.

Charles
Lyell →

저는 뭐 다윈 선생님과 함께라면 더 좋습니다.

당신은 나한테 물어가서 좋겠지만 솔직히 난 별로야.

다행히 다른 과학자들이
중재에 나서서 두 사람은
공동으로 진화에 관한 논문을
발표할 수 있었습니다.

1858년 린네 학회

1년 뒤 다윈은 진화론을 종합적으로
서술한 책을 혼자서 출간했습니다.

더 이상 미룰 수 없었지.

뭐가 그리 급했어?

역사가 '월리스와 다윈'의 진화론으로
기억하게 둘 순 없잖아?

이왕이면 책도 저랑 공저로
내셨으면 좋았을 텐데….

진화론의 가장 기본적인
이론을 담고 있는 책,
이른바 《종의 기원》입니다.

ON
THE ORIGIN OF SPECIES
BY MEANS OF NATURAL SELECTION

연감생심이다.

BY CHARLES DARWIN, M.A.,

영국의 부유한 의사 집안에서
태어난 다윈은 열여섯 살에
의학도로 출발했습니다.

내가 의사라서 하는 얘기는 아니지만,
나는 너도 의사가 되면 좋겠다.

아버지 말씀이 앞뒤가 안 맞지만
그래도 의대는 가겠습니다.

그러나 에든버러 의대에서의 경험은 그에게 악몽과도 같았습니다.

살 찢고 피 튀기는 외과 수술은 정말 저랑 안 맞아요.

어쩌나? 아직 내시경도 없고 복강경도 없으니.

그럼 전공을 바꿔야겠네요.

부친의 권유에 따라 케임브리지 대학에서
두 번째로 전공한 신학 역시
다윈의 흥미를 끌지 못했는데,

목사가 될 생각은 전혀
없었지만 그래도 졸업은 했어.

무슨 재미로 학교 다녔대?

딱정벌레 잡는 재미가 쏠쏠했거든.

찰스야, 넌 야외 채집
따라다니는 게 그렇게 좋으니?

John Stevens Henslow

좋아요. 딱 좋아요.

그마나 제법 열의를 보였던
수업은 존 헨슬로 교수의
식물학 강의였죠.

찰스, 너한테 딱 어울리는
일이 하나 있는데 해볼래?

뭡니까?

배를 타거라.

그 시절부터 다윈을 눈여겨본
헨슬로 교수는 1831년 다윈에게
인생을 바꿀 만한 일을 제안했습니다.

다윈은 로버트 피츠로이 선장이
지휘하는 영국 해군 함선
비글호에 승선했습니다.

항해하는 내내 다윈의 손에는 라이엘의 《지질학의 원리》가 들려 있었습니다.

다윈은 비글호 탐사를
생물학자로서의 알찬 경험으로
십분 활용했습니다.

온갖 종류의 화석과 동식물을 관찰하고
표본으로 만드는 과정에서 종의 다양성에 눈을 떴어요.

내 말동무는 언제 할 건데?

진화론자가 아니라서
말이 안 통해요.

특히 갈라파고스 제도는
자신의 생각을 확장시킬 수 있는
자연 관찰의 보고였습니다.

섬마다 서식하는
갈라파고스땅거북들의 등딱지 모양이
미묘하게 제각각이었어요.

뚫어져라 쳐다보시네.
저한테 관심 있수?

그곳의 조류도 면밀히 관찰했는데,
핀치의 부리를 관찰한 결과는 놀라웠습니다.

다원은 자신의 관찰 연구가
종래에는 분명 종의 안정성을
흔드는 결과를 낳게 될 거라는
생각을 그때 했을 겁니다.

그는 항해를 마치고 귀국한 다음에도
부지런히 자료를 수집하면서
자신의 생각을 보완하는 데
시간과 공을 들였습니다.

자칫 성경의 창조 원리와
정면으로 부딪치게 될 수도 있는
연구 결과를 세상에 내놓으려면
무엇보다 증거가 필요했기 때문이죠.

진화론의 체계를 구축하는 근거를 모으기 위해
원예가나 동식물 사육자와 의논하기도 하고,

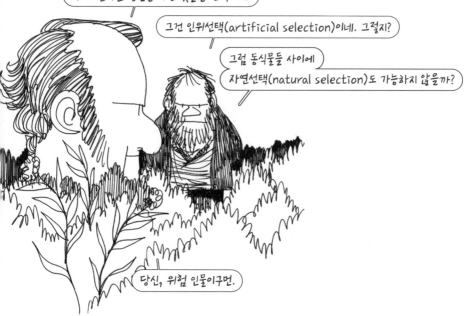

조르주 퀴비에는 갑작스런 지구 재앙으로 어떤 종이 멸절하고 새로운 종이 탄생하기도 한댔지?

라마르크의 획득형질에 관한 이론은 이미 알려진 거고.

라이엘은 지구가 서서히 변화하는 가운데 생명체의 변화도 추측했고.

그리고, 또 뭐가 있었지?

식물학에 관심을 갖기 시작하면서 읽었던 책과 논문 들을 회상해보기도 했습니다.

그런데 다윈으로 하여금 번뜩이는 영감을 떠올리게 한 과거의 인물은 영국의 경제학자이자 통계학자였습니다.

1798년 《인구론》을 쓴 토머스 맬서스.

너무너무 재미있다!

그래?

맬서스의 《인구론》은 급증하는 인구수를 따라잡지 못하는 제한된 자원 간에 발생하는 문제를 다루었죠.

전쟁이나 전염병 같은 재난이 없으면 인구수는 감당 못할 정도로 증가하는 거야.

인구 증가가 자원을 넘어서는 이 포인트가 막장인 거라고!

다윈이 주목한 대목은 생존경쟁.

인구가 늘어나면 자원이 부족해. 그러면 어떻게 되겠어?

인간 사회의 경쟁은 더욱 치열해지겠지?

결국 환경에 잘 적응하는 사람들이 살아남는다 그 말이다.

오오오!

맬서스의 이론을
자연계에 적용했습니다.

그래서 애초에 다윈이 《종의 기원》에 붙인 원래 제목은
'자연선택의 방법에 따른 종의 기원, 또는 생존경쟁에서 유리한 종족 보전에 대하여'입니다.

다윈은 스스로도 놀랄 만한 연구 성과를 손에 쥐고도 20년간 발표를 미룬 채 더 확실한 증거들을 모으며 연구에 매진했습니다.

그러던 와중에 월리스의 편지를 받았던 겁니다.

과학사에서 가장 기이한 내용을 담은
《종의 기원》은 출판되자마자
불티나게 팔렸습니다.

이거 읽었냐?

자연환경에 더 우호적인 형질을 지닌
개체들이 더 많이 태어나 지배하는 거래.

....

인간의 조상은 생활력 강하고
번식력도 좋은 원숭이들이었단 거네?

ON THE
ORIGIN
OF
SPECIES

진화론을 굳이 창조론과 대적하는
이론으로 봐야 할까?

어쨌든 다윈이 무신론자인 건 맞잖아?

원래는 무신론자 아니었다니까.

GENESIS

ORIGIN
OF
TIMES

그와 함께 촉발된 인간 존재의
기원에 관한 논란이 지금까지
계속되고 있는 건 우리가 익히
아는 바입니다.

다윈은 진화론에
한창 매달렸던 1851년
사랑하는 어린 딸을 잃었습니다.
그 아픈 경험은 그의 신앙심을
약화시키는 데 결정적인
계기가 되었습니다.

그는 사후에 1882년 런던의 웨스트민스터 사원에 묻혔습니다.

12

통계로 만든 유전법칙
그레고어 멘델

그레고어 멘델 Gregor Mendel (1822-1884)

오스트리아의 식물학자이자 성직자이다. 완두콩 교배 실험을 통해 유전의
기본 원리인 '멘델의 법칙'을 발견했다.

사람들은 자식이 부모를 닮는다는 건 오래전부터
알았지만 그 과정에 어떤 메커니즘이 있는지는
19세기에 이르기까지 전혀 알지 못했고
별 관심도 보이지 않았습니다.
다윈이 《종의 기원》을 발표한 지 10년이 지났을 때
오스트리아의 한 수도사가 그런 물음을 가지고
집요하게 실험한 끝에 유전학의 디딤돌을 놓았습니다.

자식이 부모를 닮는 건 당연한데
굳이 뭘 따지겠습니까?

아버지, 내 코가 왜 이렇게 생겨먹었을까요?

그럼 누굴?

날 탓하지 마라.

세상의 이치를 탓해라.

유전학이라는 용어를 처음 쓴 사람은
영국의 윌리엄 베이트슨이었어요.

하지만 과학은 그런 것조차
따져봐야 합니다.
동식물 세계에서 자식들이
대를 이어 부모를 닮아가는
과정을 연구하는 분야를
유전학(genetics)이라고 합니다.

20세기 초였죠.

아저씨야?

William
Bateson

고대 그리스 자연철학자들은
부모에게서 전해지는 모종의 물질이
피에 섞여 있을 거라는 막연한
추측을 했을 뿐이었습니다.

너희도 자식 낳아보면 다 알 거다.

왜 자세히 안 가르쳐주십니까?

크면 알게 돼.

선생님, 진화론을 뒷받침할 만한
짝짓기의 법칙에는 관심 없습니까?

어헝헝….

다윈이 진화론을 개진할 때에도
정작 어떤 형질이 어떻게 유전되는지에 관해
과학자들은 크게 관심 두지 않았습니다.

닮아가는 과정에 규칙이 있다는 걸 발견했어!

나도!

너도?

Hugo de Vries

Tschermak
von Seysenegg

Karl Correns

1900년 드디어
네덜란드의 휘호 더프리스,
오스트리아의 체르마크 폰 자이제네크,
독일의 카를 코렌스,
이 세 과학자는 제각각
유전형질의 대물림에 관한
연구 성과를 얻게 되었습니다.

우리 중에 누가 최초 발견자지?

넌 아냐.

이 세 사람은 의미 있는 유전법칙을 과연 누가 처음 발견했는지를 두고 크게 다투지 않았습니다.

왜냐하면 그들이 했던 것과 같은 실험 결과를 이미 30년 전에 발표한 인물이 있었기 때문입니다.

〈식물의 잡종에 관한 실험〉, 1866년

세 사람이 만장일치로 유전법칙의
최초 발견자로 추대한 인물.

16년 전에 세상을 떠난 그레고어 멘델이었습니다.

멘델의 사회적 신분은 과학자가 아니라 오스트리아의 어느 수도원에 속했던 사제였습니다. 그러나 그에게는 여느 과학자들 못지않은 비범함과 투철한 실험 정신이 있었습니다.

그래서 그분 논문이 과학계에 널리 안 알려졌던 걸까?

당시 과학계에서 수도사라고 좀 만만히 본 면도 있겠지?

그나저나 이 만화에선 우리가 꽤 나오는걸?

어렸을 때부터 배우고 익히는 데 탁월하셨대.

집이 가난해서 대학을 못 가신 게지.

그래서 수도원에 들어가신 거구나.

돈 안 내고 배울 수 있는 데가 거기잖여.

수도사들 중에는 훌륭한 교사들도 있었고.

다양한 주제로 토론도 많이 했어.

박물학, 식물학, 농업에 관심 많았던 나한텐 그만한 곳이 없었지.

브륀의 아우구스티누스 수도원은 멘델에게 적합한 학문의 전당인 데다 커다란 식물원도 딸려 있었습니다.

스물아홉 살 때 빈 대학에서
물리학과 수학, 화학 등 여러 분야의
학문도 착실히 익혔습니다.

수도원장의 권유로 유학을 간 거지.

학위는 얻지 않았지만 그 모든 배움은
내 주요 실험의 바탕이 되었어.

멘델은 1856년부터
본격적으로 자신이 궁금해하던
것에 관한 실증적인 결과를
얻기 위해 매진했습니다.

이제부터 생물의 닮는 법칙을 찾기 위해
어마어마한 양의 교배를 실시하겠습니다.

쥐 같은 동물로는 하지 마라.

완두콩으로 할 겁니다.

콩? 좋다.

나중에 '멘델의 법칙'으로
세상에 알려질 위대한 실험의
대장정이 시작된 겁니다.

8년에 걸친 실험이었어.

어지간한 끈기 없이는 엄두도 못 낼 시도였네.

그나마 완두콩이라서 다행이었지.

수도원이 콩밭이군.

콩 많이 드세요. 몸에도 좋아요.

멘델은 완두의 실험 결과를 얻기까지
약 2만 8,000포기의 완두를 이용했고
이 중 1만 2,835포기는
세밀하게 관찰했죠.

멘델이 실험 재료로 완두콩을 선택한 데
특별한 과학적 의도는 없었을까요?

일단 흔해. 값도 싸고.

잘 자라고 한 번에 얻는 양도 많아.

재배해서 결과를 얻는 데 걸리는 시간도 짧지.

게다가 확연히 다르게 형질이 표현되는 것들을 교배해서
자식 세대에 어떤 게 나오는지 관찰하기도 쉽잖아?

무엇보다 완두콩이 적합했던 건
뚜렷한 대립형질을 구하기
쉬웠다는 점입니다.

대립형질?

이렇게 생긴 것과 이렇게 생긴 것이 짝짓기하면
어떻게 생긴 자식이 나오는지 보는 거야.

멘델은 일곱 가지 대립형질의 완두콩을
가지고 재배하면서 관찰했습니다.

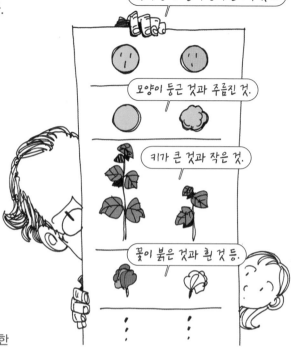

녹색 콩과 황색 콩 구별이 뚜렷해.

모양이 둥근 것과 주름진 것.

키가 큰 것과 작은 것.

꽃이 붉은 것과 흰 것 등.

먼저 필요한 건 특정한 형질에 대한
순종 콩을 찾는 거였습니다.

예를 들어, 동그란 유전형질만 갖고 있는
동그란 콩, 주름진 형질만 가진 주름진 콩.

순종인지 아닌지 어떻게 알아?

순수한 마음으로 찾으면 돼.

'순종'이라 함은
자식 세대에 부모와 같은
형질의 자식만 낳는 걸 말합니다.

예를 들어, 동그란 콩의 순종을 교배하면
모조리 동그란 콩만 나와.

동그란 콩 둘을 교배할 때
주름진 콩이 나오는 경우도 있어?

있지. 잡종일 경우에.

멘델은 먼저 한 가지 대립형질의
순종 콩을 교배해서 1세대 잡종을 얻었습니다.

동그란 순종 콩과 주름진 순종 콩이 짝짓기를 하면
그 자식인 잡종 1세대의 생김새는?

어중간하게 동그란 콩?

아니, 모두 동그란 콩이 나왔어.

그다음에는 잡종 1세대끼리
자가수분을 해보았습니다.

실험 결과로 얻은 데이터를 바탕으로
멘델은 중요한 가설을 세웠습니다.

이런 내용을 도식으로 나타내면 쌍으로 정해지는 형질이 어떤 식으로 대물림되는지 잘 보입니다.

이렇게.

우성형질과 열성형질을 쌍으로 갖고 있어도 우성만 표현되는 거 보이지?

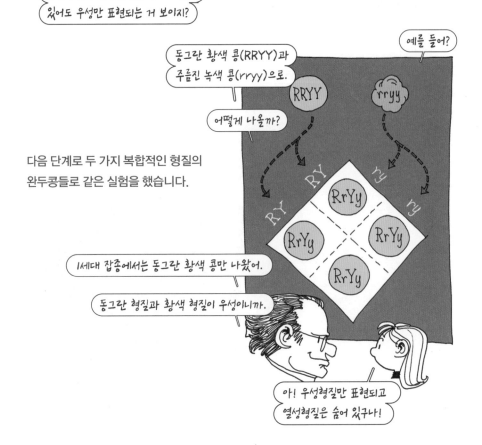

동그란 황색 콩(RRYY)과 주름진 녹색 콩(rryy)으로.

예를 들어?

어떻게 나올까?

다음 단계로 두 가지 복합적인 형질의 완두콩들로 같은 실험을 했습니다.

1세대 잡종에서는 동그란 황색 콩만 나왔어.

동그란 형질과 황색 형질이 우성이니까.

아! 우성형질만 표현되고 열성형질은 숨어 있구나!

잡종 1세대를 부모 삼아
자가수분해서 잡종 2세대를
얻었을 때의 비율도 얻었죠.
실험 결과를 바탕으로
멘델이 발견한 첫 번째 규칙은
우성과 열성에 관한
것이었습니다.

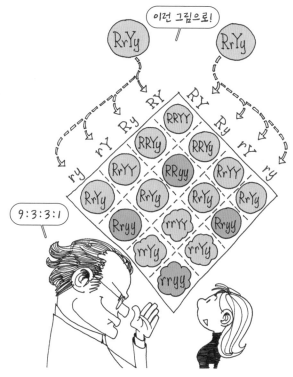

두 번째 규칙은 쌍을 이루는 형질들은
각기 분리된다는 것이었습니다.

세 번째 규칙은 두 종류의
형질들을 가진 개체를 교배할 때
대립형질의 쌍들은 서로 독립적으로
유전된다는 것이었습니다.

1866년 멘델은 드디어 자신의 오랜 연구 성과와
부푼 기대를 담은 논문을 발표했습니다.

그러나 아무도
관심을 갖지 않았습니다.

이후 멘델은 더 이상
유전 관련 실험을 하지 않았고
수도원장으로 살다가
생을 마감했습니다.
오늘날 생명과학의 꽃이라 할 만한
유전학의 기초를 마련했던
멘델의 유전법칙은 발표되고
30년이 지난 다음에야
비로소 세 명의 과학자들에 의해
재조명되었습니다.

13

모두의 은인
루이 파스퇴르

루이 파스퇴르 Louis Pasteur (1822-1895)

프랑스의 화학자이자 미생물학자이다. 발효와 부패에 관한 연구를 통해
공기 중의 미생물 때문에 부패가 일어난다는 것을 확인하고 생물은 오직
생물로부터 발생한다는 사실을 증명했다.

프랑스의 평범한 가정에서 태어난 루이 파스퇴르는
화학과 교수이면서, 평생 미생물을 관찰하고 연구하며
질병이 전파되는 것은 미생물이 원인이라는 사실을
밝히고 예방과 치료를 위한 면역요법을 개발했습니다.

옛날 옛날에 사람들은 생물이 생식 과정 없이 저절로 생겨날 수 있다고 믿었습니다.

누가 그래?

아리스토텔레스.

쥐 좀 봐! 어디서 막 나오잖아?

부모가 어딘가에 있는 거지.

봤어?

고기 그냥 놔둬봐. 썩으면서 미생물이 생기잖아?

그건 날아든 미생물 포자가 번식한 거지.

이른바 '자연발생설'은 과학계에서 꽤 오래 지속되었는데, 미생물의 발생에 관해서는 19세기 후반까지 공방이 이어졌습니다.

1745년 영국의 박물학자 존 니덤은
끓인 뒤에 상온에서 며칠간 방치한 고깃국에 생긴
미생물을 자연발생설의 증거라고 주장했는가 하면,

1768년 이탈리아의 생리학자
라차로 스팔란차니가 외부 공기 유입을
막고 끓인 고깃국에는 미생물이 발생하지
않는다는 실험을 해서 반박했습니다.

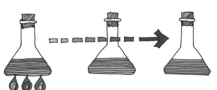

하지만 자연발생설 지지자들은 공기가 미생물이
자라도록 하는 양분 혹은 에너지라고 주장했죠.

1860년 그 논란에 종지부를 찍은
사람은 당시 파리의 고등사범학교
교수였습니다.

그는 공기와 미생물을 분리하기 위해 독특하게 생긴 모양의 플라스크를 고안해냈습니다.
일명 '백조목 플라스크'를 밀봉하지 않은 채 방치해두었지만 미생물이 발생하지 않았습니다.

그런 다음 관을 기울여 미생물이
고깃국에 닿을 수 있게 했더니
고깃국은 이내 부패했습니다.

공기 중에 미생물이 가득 있었던 거야.

와! 고깃국이다.

결론은 아무리 작은 미생물일지언정
저절로 생겨나지 않는다는 것.

미생물학의 기초를 세웠어.

자연발생설을 무력화하고 생물은
오직 생물로부터 발생한다는 사실을
증명한 사람은 루이 파스퇴르.

혹시 우유 회사도 세우셨어요?

그의 미생물에 관한 연구는 곧바로 질병 치료법 발견으로 이어졌습니다.

파스퇴르는 잠깐 휴가를 다녀온 사이 방치해두었던 닭 콜레라 배양균이 약해져 있는 걸 발견했습니다.

어이! 콜레라 안 걸린 닭 몇 마리 가져와봐.

왜? 백숙이라도 해 드시게?

기운 빠진 콜레라균 주사해보려고.

멀쩡한 닭마저 죽이시게?

가만있어봐.

좀 아프다가 괜찮아질 거야.

꼬꼬댁.

주사와 관찰을 거듭한 끝에 접종을 실시한 닭에게 면역이 생긴다는 결과를 얻어냈습니다.

괜찮지? 이제 생생한 콜레라균을 맞아봐.

꼬꼬….

어때 안 걸리지?

첫 단추는 이미 18세기에 제너 선생께서 채우셨지.

제너가 누구야?

종두법 몰라?

아마도 파스퇴르는 질병 예방 치료법의 첫 단추를 채우면서 에드워드 제너를 떠올렸을 겁니다. 한번 걸리면 치사율이 80%가 넘는 천연두 예방 접종법을 개발해 처음 시행한 사람이었죠.

하지만 첫 단추는 이미 기원전 10세기경 중국에서 채워졌지.

그렇게 오래전에?

천연두에 걸렸는데 안 죽고 가볍게 앓는 사람 피부의 종기 딱지를 썼어.

어떻게?

Edward Jenner

밀폐된 병에 한 달 정도 놔뒀다가 꺼내서 가루를 만들어 콧속에 넣었대나?

생사람한테 천연두를 옮겨? 그러다 죽으면?

안 죽으면 더 이상 안 걸렸지.

대책 없는 민간요법일세.

제너는 소가 걸리는 천연두인 우두에
감염된 사람에게 의외의 면역이
생겼다는 사실을 알게 되었고,

우두에 걸린 사람의 물집에서 뺀
고름을 과감하게 건강한 사람들에게
접종하는 방법으로 성과를 냈습니다.

제너의 종두법은
'vaccination'이라고 불렸는데,
소를 뜻하는 라틴어 'vacca'에서
따온 것입니다.

닭 콜레라 문제를 해결한
파스퇴르의 다음 과제는
탄저병이었습니다.

이미 죽은 양의 피에서 발견한
세균이 탄저병의 원인임을 밝힌 다음,
그는 공개 실험을 감행했습니다.

실험에 성공한 파스퇴르는 이제 광견병으로 눈을 돌렸습니다.

파스퇴르는 광견병에 걸린 짐승에게 사람이
물리면 짐승의 침을 통해 전염되며, 뇌에
치명적인 손상을 입는다는 사실을 알아냈는데,

1885년 어느 날 미친 개에게 물린 한 소년의
어머니로부터 치료를 부탁받았습니다.

파스퇴르는 전에 없이 고민했지만
끝내 소년에게 광견병 백신을
주사했습니다.

그리고 나서 소년은 회복했습니다.

이미 감염된 후였지만 병이 나았던 것은
광견병의 경우 잠복기가 길어서
백신이 유효했기 때문이죠.

파스퇴르에게 광견병 백신을
맞고 살아난 소년은 45년간
파스퇴르 연구소의 문지기로 일했습니다.

선생께 빚졌으니까.

내 할 일 한 것일 뿐.

오늘날 수많은 질병에 미리 대처하며
생명을 지키는 우리 삶의 일부는 어쩌면
미생물과 질병의 관계를 집요하게 파헤친
그의 업적에 빚진 것일지도 모릅니다.

14

꼬리를 문 뱀
아우구스트 케쿨레

아우구스트 케쿨레 August Kekulé (1829-1896)

독일의 유기화학자. 유기물의 화학반응에서 탄소 분자가 하는 역할의 중요성을
알리고, 아무도 상상해내지 못했던 벤젠 고리의 모양을 밝혀냈다.

벤젠은 패러데이에 의해 1825년 처음
발견된 이후 과학자들을 오랫동안 고민에 빠뜨린
물질이었습니다. 벤젠의 분자식은 C_6H_6인데,
어떤 과학자도 구조식을 어떻게 그릴지 몰랐거든요.
탄소화합물의 난제였던 벤젠의 비밀을 푼 사람은
건축학을 전공하다가 화학의 매력에 빠진
아우구스트 케쿨레였습니다.

1803년 돌턴이 원자론을 제창한 이후 화학 분야의 연구는 더욱 활발해졌습니다.

과학자들은 새로운 원소를 발견하기도 하고,
기체들의 구성 비율에 관한 이론을
내놓기도 했습니다.

그리고 원자들이 결합하는 방식에 대한 연구도 이어졌죠.

1852년 영국의 화학자 에드워드 프랭클랜드는
'원자가'라는 개념을 내놓았습니다.

물의 경우, 원자가 2인 산소와
원자가 1인 수소가
결합한 것입니다.

그런데 화학결합을 연구하던 과학자들은 탄소의 특별한 점을 발견했습니다.

탄소를 기본으로 수소, 산소, 질소, 인 등
여러 원소가 결합한 물질을
탄소화합물이라고 하는데,
탄소화합물은 메테인(메탄)처럼 간단한 결합부터
단백질같이 결합이 복잡한 고분자화합물에
이르기까지 다양합니다.

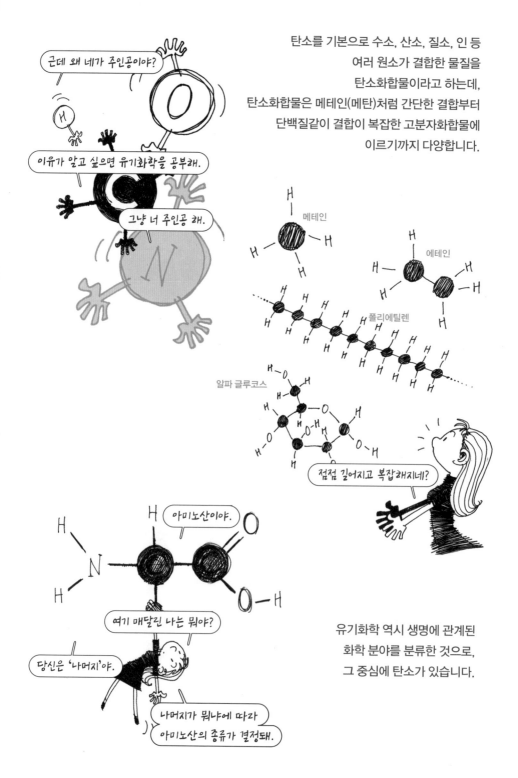

유기화학 역시 생명에 관계된
화학 분야를 분류한 것으로,
그 중심에 탄소가 있습니다.

같은 고민을 하고 같은 결론을 내렸지만,

Archibald Scott Couper

1858년은 탄소화합물의 구성 방식을 두고 연구하던 아치볼드 쿠퍼와 아우구스트 케쿨레의 운명이 결정된 해입니다.

내가 한발 빨랐지.

독일의 다름슈타트에서 태어난 케쿨레의 원래 전공은 건축학이었습니다.

대학 다니다가 화학 강의에 푹 빠져서 전공을 갈아탔어.

전공 바꾼다고 별 볼 일 있겠니?

두고 보라지.

박사 학위를 받은 후
유기화합물을 연구하던
그의 관심을 끈 건
에테인(에탄)이었는데,
고민 끝에 케쿨레는
탄소화합물의 결합 구조를
상상할 수 있었습니다.

그런데 거의 같은 시기에 영국의 화학자 쿠퍼도 유사한 연구 결과를 손에 쥐고 있었죠. 쿠퍼는 당시 자신이 파리에서 일하던 실험실의 뷔르츠 교수에게 논문 발표를 도와달라고 종용했지만,

탄소의 원자가는 항상 4이고 자기들끼리 결합하면서,

다른 원자들과 결합해 사슬 구조를 만든다.

독일 사람 누구도 똑같은 얘길 하던데?

발표를 서둘러야겠네!

교수님, 프랑스 과학 아카데미에 탁월하고 놀라운 제 논문을 서둘러 발표해주셔야겠네요.

너무 탁월해서 깜짝 놀라면 안 되니까 좀 기다려봐.

〈화합물의 구조와 탄소의 화학적 본성〉

독일 친구가 먼저 발표했다네.

억장이 무너지네요.

케쿨레가 한발 빨랐습니다.

논문을 발표한 그해에
벨기에 겐트 대학의 교수도 되었죠.

연구비 지원으로 빵빵한 실험 장비.

건축 안 하고 과학하길 잘 했네?

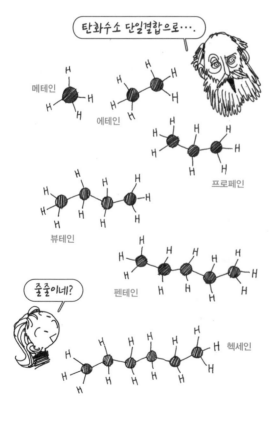

탄화수소 단일결합으로····

메테인

에테인

프로페인

뷰테인

펜테인

줄줄이네?

헥세인

케쿨레의 논문이 발표된 후
화학계의 발걸음이
더욱 빨라졌습니다.

탄소화합물의 많은 구조가 풀려나갔습니다.

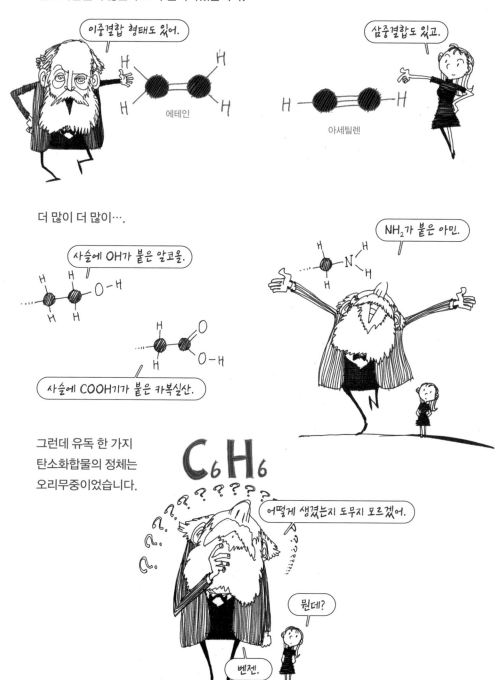

이중결합 형태도 있어.

에테인

삼중결합도 있고.

아세틸렌

더 많이 더 많이….

사슬에 OH가 붙은 알코올.

사슬에 COOH기가 붙은 카복실산.

NH₂가 붙은 아민.

그런데 유독 한 가지
탄소화합물의 정체는
오리무중이었습니다.

C_6H_6

어떻게 생겼는지 도무지 모르겠어.

뭔데?

벤젠.

1825년 패러데이가 고래 기름으로 만든 가연성 기체에서 발견.

Michael Faraday

벤젠은 무색, 가연성, 달콤한 향기가 나는 것이 특징인 물질로 벤졸이라고도 불렸는데,

1845년 독일 과학자 호프만이 콜타르에서 추출한 물질에 이름을 붙임.

August Wilhelm von Hofmann

탄소와 수소 원자를 이리저리 붙여보며 상상해도 만족할 만한 모형이 나오지 않았습니다.

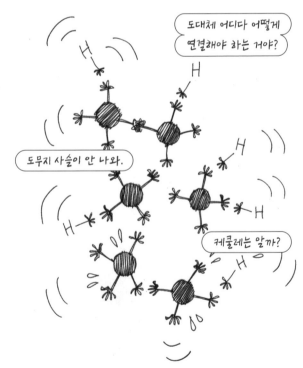

도대체 어디다 어떻게 연결해야 하는 거야?

도무지 사슬이 안 나와.

케쿨레는 알까?

케쿨레 역시 그 문제에 매달렸지만
쉽지 않았습니다.

그런데 1865년 어느 날
그에게 영감을 준 것은 꿈이었습니다.

케쿨레는 꿈속에서
뱀이 자기 꼬리를 물고
맴도는 광경을 보았습니다.

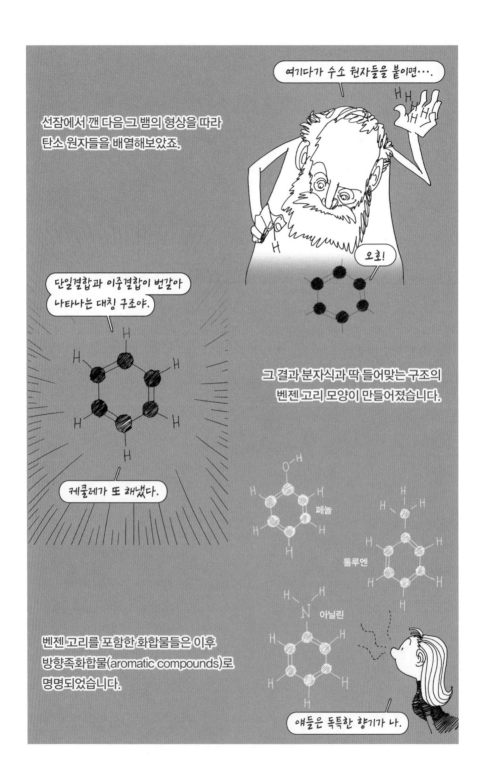

여기다가 수소 원자들을 붙이면….

선잠에서 깬 다음 그 뱀의 형상을 따라
탄소 원자들을 배열해보았죠.

오호!

단일결합과 이중결합이 번갈아
나타나는 대칭 구조야.

그 결과 분자식과 딱 들어맞는 구조의
벤젠 고리 모양이 만들어졌습니다.

케쿨레가 또 해냈다.

페놀

톨루엔

아닐린

벤젠 고리를 포함한 화합물들은 이후
방향족화합물(aromatic compounds)로
명명되었습니다.

얘들은 독특한 향기가 나.

그리고 고리에 붙는 물질의
위치가 달라지면
성질이 다른 방향족화합물이
만들어진다는 사실도
발견했습니다.

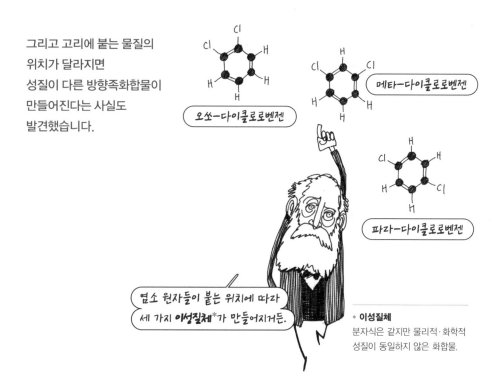

오쏘—다이클로로벤젠

메타—다이클로로벤젠

파라—다이클로로벤젠

염소 원자들이 붙는 위치에 따라
세 가지 **이성질체***가 만들어지거든.

* **이성질체**
분자식은 같지만 물리적·화학적
성질이 동일하지 않은 화합물.

1867년부터 독일의 본 대학으로 자리를 옮긴 케쿨레는
세상을 떠날 때까지 후진 양성에 힘을 쏟았습니다.

스승님, 뛰어난 과학자가 되려면
어떻게 해야 하죠?

꿈을 잘 꿔야지.

노벨 화학상이 제정된 다음 첫 번째부터 다섯 번째까지 수상자들 중 세 명이
케쿨레의 제자들이었습니다.

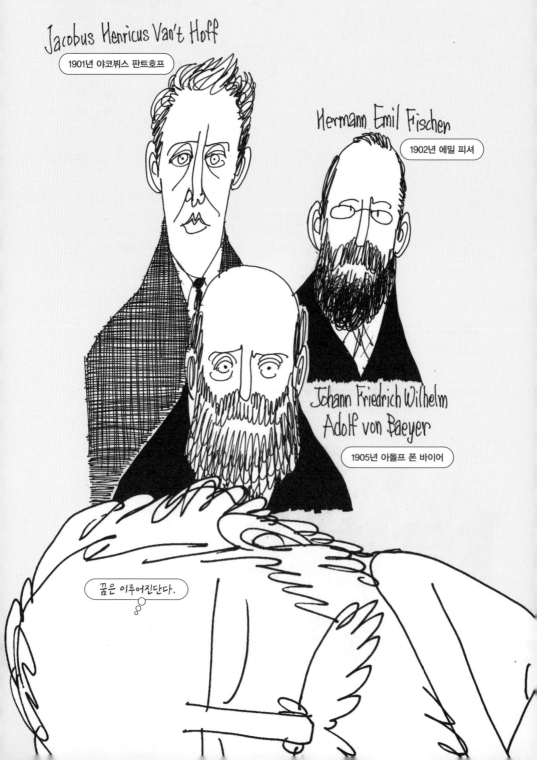

15

아름다운 원소들의 오케스트라
드미트리 멘델레예프

드미트리 멘델레예프 Dmitrii Mendeleev (1834~1907)

러시아의 화학자. 원자량에 따른 원소의 배열에 규칙을 찾아내고 주기율표를
발표했다. 주기율표는 새로운 물질의 성질을 예측하고, 원자구조를 이해하는
데 큰 도움이 되었다.

오늘날 여느 과학실에나 한쪽 벽에 꼭 붙어 있는 것이
원소주기율표입니다. 화학을 이해하는 기본 지식을
제공하며 현대 과학의 나침반 역할을 하는
주기율표를 만들어 원소들의 규칙을 밝힌 사람은
러시아 출신의 드미트리 멘델레예프입니다.

1834년 러시아의 동토 시베리아의 어느 마을에서 훗날 화학 역사를 뒤바꿀 한 아이가 태어났습니다.

아이는 어머니의 헌신적인 교육열에 힘입어 우등생으로 자랐는데, 열네 살 때 아버지가 사망하고 어머니가 운영하던 유리 공장에 불이 나자 크게 상심했습니다.

그런데 소년은 대학에 입학하자마자
또다시 어머니를 잃는 슬픔을
겪어야만 했습니다.
자신을 위해 헌신한 어머니의 죽음은
소년의 마음가짐을 바꾸어놓았습니다.

반드시 과학자로 성공해서
은혜에 보답할게요!

비장한 각오로 공부하여, 대학을 수석으로 졸업한 그는
시골 중학교에서 잠시 교사로 근무하다가
더 큰 꿈을 위해 유학길에 올랐습니다.

프랑스와 독일에서 유학했어.

GERMANY

FRANCE

1865년 모교인 상트페테르부르크 대학의
화학 교수가 되어 본격적인 연구에
매진했습니다.

머리 기르고 수염 기른
저 범상치 않은 사람 누구야?

새로 부임한 드미트리 멘델레예프 교수이셔.

애들을 어떻게 하면
종류별로 분류할 수 있을까?

린네는 생물을 분류했으니까
화학자들도 분발해야지.

비슷한 성질들이 주기적으로
반복되는 거 같은데 말이야.

당시 화학자들의 주요 관심사는
원소들의 분류와 주기적인 특성에
관한 것이었습니다.

염소, 브로민, 아이오딘.

리튬, 소듐, 포타슘.

칼슘, 스트론튬, 바륨.

Johann Wolfgang Döbereiner

인, 비소, 안티모니.

황, 셀레늄, 텔루륨.

독일의 요한 볼프강 되베라이너는
원소들을 화학적 성질이 비슷한 것들끼리
묶는 걸 처음 시도했습니다.

세 개씩 묶었어. 하하하

어떻게 묶었어?

어쩌다 보니 묶였어. 하하하.

1862년 프랑스 지질학자
알렉상드르에밀 베귀예 드 샹쿠르투아는
원소들을 원기둥에 나선형으로
배열해보기도 했고,

1864년에는 영국의 존 뉴랜즈가 '옥타브 법칙'이라는 걸 발표하기도 했죠.

멘델레예프도 원자량에 따른 원소들의 배열에 어떤
규칙이 있을 거라고 확신하고 면밀히 살폈습니다.

열심히 연구해서 꼭 성공하자.
어머니께서 보고 계신다.

원소 이름과 주요 성질을 적은
카드들을 벽에 꽂아가며
집요하게 매달렸죠.

나트륨과 칼륨은 물과 격하게 반응해.

염소, 플루오린, 브로민은
나트륨, 칼륨과 1:1로 결합해.

탄소와 규소는 두 개의 산소와 결합해.

그렇게 고심을 거듭한 끝에
드디어 만족할 만한
표를 완성했습니다.

1869년 멘델레예프가
발표한 주기율표는
놀라웠습니다.

그런데 더욱 놀라운 점이 있었습니다.

멘델레예프의 주기율표에는
마땅한 원소를 찾지 못한
빈자리가 있었는데 그건 결코
결함이 아니었습니다.

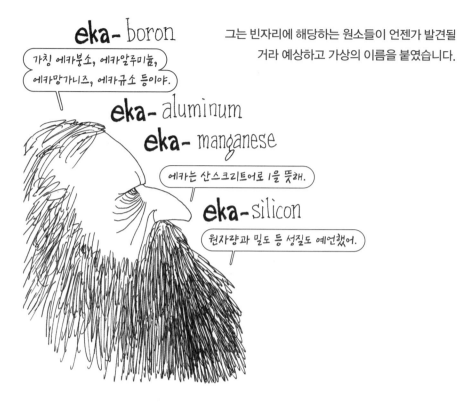

eka- boron

가칭 에카붕소, 에카알루미늄, 에카망가니즈, 에카규소 등이야.

그는 빈자리에 해당하는 원소들이 언젠가 발견될 거라 예상하고 가상의 이름을 붙였습니다.

eka- aluminum

eka- manganese

에카는 산스크리트어로 1을 뜻해.

eka- silicon

원자량과 밀도 등 성질도 예언했어.

일부 과학자들은 황당한 예언이라고 힐난했지만,

과학자 맞냐?

발견되지도 않은 원소의 성질을 맘대로 정해?

세월이 흐르면서 결국 빈칸들은 채워졌습니다.
1879년 스웨덴의 라르스 닐손이 스칸듐을 발견했습니다.

Lars Fredrick Nilson

멘델레예프가 예언했던 에카붕소야.

21 44.956
Sc
scandium

나는 갈륨 발견!

프랑스의 옛 라틴어 명칭
갈리아에서 땄지.

그런데 내가 처음 계산했을 땐
밀도가 4.7g/cm³, 멘델레예프가
예언한 밀도는 5.9g/cm³였거든.

Lecoq de Boisbaudran

예언이 틀렸어?

에카알루미늄으로 예언했던 원소는
1875년 프랑스의 부아보드랑이
발견했고,

독일의 라틴어 명칭 게르마니아를 따서
저마늄(germanium)이라고 명명했어.

Clemens Alexander Winkler

다시 계산해보니 예언이 맞았어.

성질은?

1886년에는 독일의 클레멘스 빙클러가
에카규소에 해당하는 원소를
분리하는 데 성공했습니다.

멘델레예프가 예언한 대로야.

사정이 그러하자 과학자들은 예언된 에카망가니즈를 찾느라 분주했습니다.

결국 1937년에 이르러서야 이탈리아의 카를로 페리에와 에밀리오 세그레가 인공적으로 만들어내면서 발견되었습니다.

물론 그때 만든 주기율표가 완벽한 건 아니었습니다.

과학에 100%가 어디 있냐?

잘 아시네.

말 나온 김에 한 가지 지적하자면, 선생은 텔루륨의 원자량을 123과 126 사이에 두었죠?

그런데?

텔루륨의 원자량은 127.6으로 126.9인 아이오딘보다 커요.

과학자들이 알아차리기 어려웠어.

왜?

다른 원소들과 거의 반응하지 않고 단원자 분자로 존재하니까.

원자량을 사용해 주기율표 순서를 정하다 보니 텔루륨과 아이오딘의 순서를 잘못 정하기도 했고, 당시까지 전혀 알려지지 않았던 비활성기체를 위한 자리를 만들지 않았죠.

나중에 비활성기체에 해당하는 원소들이 발견되자,

1894년 아르곤 발견.

1898년 스코틀랜드 화학자 윌리엄 램지가
네온, 크립톤, 제논 발견.

William Ramsay

이 정도면 과학 교과서 맨 앞에 쓸 수 있겠지?

16 17 18

맨 뒤는 어때요?

1902년 멘델레예프는
그것들을 18족에 포함하면서
주기율표를 수정했습니다.

주기율표를 만들어 원소의 성질을 파악하고
원자구조를 이해하는 단초를 제공한 멘델레예프는
1907년 일흔세 살의 나이로 생을 마감하고
자신의 어머니 곁에 묻혔습니다.

1955년 101번째 원소가 발견되었을 때 과학자들은 멘델레예프의 업적을 기려
원소에 그의 이름을 붙였습니다.

16

이온결합
베르셀리우스와 아레니우스

옌스 야코브 베르셀리우스 Jöns Jacob Berzelius (1779-1848)

스웨덴의 화학자. 반대 전하를 띠는 원소들 간의 정전기적 인력으로 화합물이
만들어진다는 이론을 주장했다.

스반테 아레니우스 Svante Arrhenius (1859-1927)

스웨덴의 화학자. 전압을 가하지 않아도 용액 속에 이온이 존재할 수 있다는
사실을 밝혀냈다.

과학자들이 화학결합에 관심을 갖기
시작한 건 19세기부터입니다.
원자 사이의 힘을 설명하기 위해서였죠.
분자가 어떻게 만들어지는지 답을 제시한
사람은 옌스 야코브 베르셀리우스였습니다.
그는 양이온과 음이온이 결합하면서
다양한 분자가 만들어진다고 생각했습니다.
이 생각은 패러데이를 거쳐 스반테 아레니우스를 통해
이온화에 대한 이해로 거듭나게 되었습니다.

화학이 흥미로운 이유 중 하나는 원자들 간의
무궁무진한 결합 때문입니다.

자연 상태의 거의 모든 원소는 원자들이
결합한 화합물 형태로 존재합니다.

화합물은 수소나 산소 같은 간단한
기체에서부터 단백질 같은
고분자화합물에 이르기까지
다양합니다.

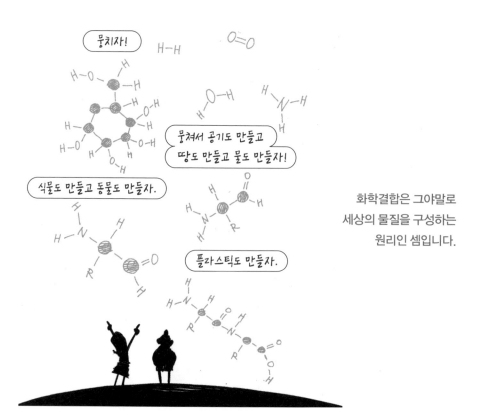

화학결합은 그야말로
세상의 물질을 구성하는
원리인 셈입니다.

원자들이 뭉치려고 하는 이유는
사람 사는 세상의
이치와 비슷합니다.

이해를 돕기 위해 원자구조를 살펴볼까요?

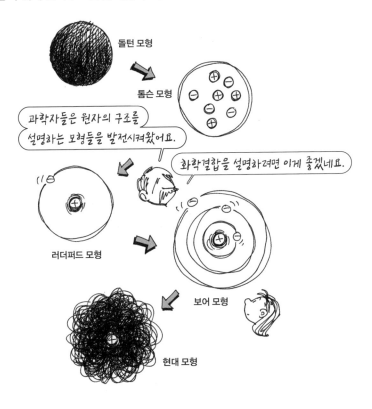

원자는 양성자와 중성자를 포함한 원자핵 주변의 궤도에 전자가 배열된 모양입니다.

어느 궤도에 속한 전자가 다른 궤도로 이동하는 건 불연속적이에요.

느닷없이 출몰한다고?

전자라는 게 좀 묘한 구석이 있거든요.

그럼 양성자들은 어떻게 반발하지 않고 뭉쳐 있는 거야?

그건 전자기력보다 훨씬 센 강력 때문인데 다음에 알아보기로 하죠.

에너지준위는 뭐야?

그건 다음에, 지금은 화학결합 먼저····.

electron shell

화학에서는 전자가 위치하는 에너지준위를 나타내는 개념으로 전자껍질이라는 용어를 사용합니다.

자꾸 그래····.

첫 번째 껍질에 전자 두 개, 그다음 껍질부터는 여덟 개씩 전자가 채워지죠.

그런데 여기서 가장 바깥 전자껍질에 속한
전자의 수, 즉 최외각전자 수가 중요합니다.

왜?

최외각전자 수가 다 채워져야
안정되기 때문이에요.

Na

그런데?

거의 모든 원자는
다 안 채워진 상태거든요.

주기율표의 18족을 제외한 원소들의 원자는
최외각전자 수가 여덟 개가 안 됩니다.

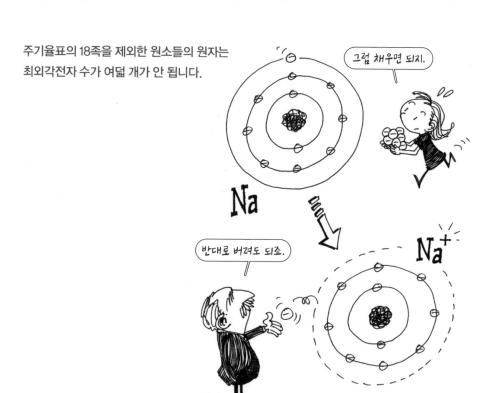

원자들은 채워진 전자껍질을 만들기 위해
이동하는 전자 수를 최소화하려는
경향이 있습니다.

그래서 전자를 내주려고 하는 원자들이
있는가 하면 받아들이길 선호하는
원자들도 있습니다.

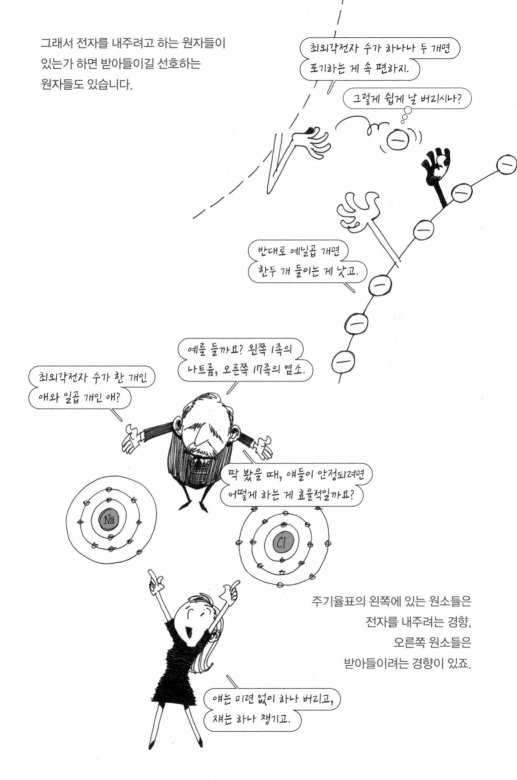

주기율표의 왼쪽에 있는 원소들은
전자를 내주려는 경향,
오른쪽 원소들은
받아들이려는 경향이 있죠.

그렇게 해서 최외각전자 수를 다 채운
화학종*을 이온이라고 부릅니다.

---

* **화학종**
물질을 이루는 단위인 원자, 분자, 이온
등을 이르는 말.

전자 하나 버린 나트륨 이온.

전자 하나 얻은 염화 이온.

원자가 이온이 되면 자연히
전기적 성질을 띠게 되겠죠?

양성자 수와 전자 수가 달라지니까?

맞아요. 일종의 대전된 원자죠.
나트륨 이온은 양전하, 염화 이온은 음전하.

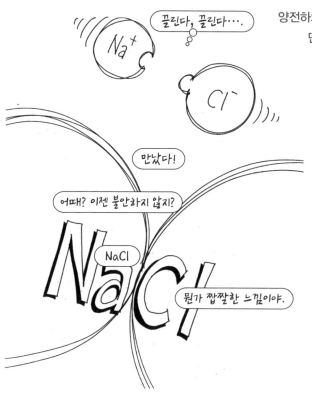

양전하와 음전하로 전기적 성질을
띤 두 이온은 이제 서로에게
끌리는 일만 남았습니다.

그렇게 비로소 짝을 찾는 결합을 일컬어 '이온결합'이라고 합니다.

ionic bond

염화나트륨(NaCl)을 자세히 확대해서 보세요.

작은 정육면체들이 빼곡하네.

이온결합으로 뭉친 화합물은 밀도가 높고 규칙적인 이온결정을 만듭니다.

보여요???

이온결합은 결합력이 강해서 깨뜨리려면 많은 에너지가 필요합니다.

그래서 녹는점이 높아요.

얼마나 높은데?

소금은 801℃에서 녹아요.

과학자들이 이온결합 같은 화학결합의
원리를 밝히기 시작한 건 19세기부터입니다.

Jöns Jacob Berzelius

1819년 스웨덴의 옌스 야코브
베르셀리우스는 생각했어요.

화합물은 반대 전하를 띠는 원소들 간에
작용하는 정전기적 인력에 의해 만들어진다.

전하를 띠는 이유나
증거는 찾았어?

이담에 후배들이 찾아줄 거요.

용액에 전압을 가하면 용액 속에서 이온이
생성될 수 있다는 사실을 실험으로 밝혔답니다.

전자기학의 위대한 선구자
패러데이도 물질의
전기적 상태에 관심을 가졌고,

이온이 생성되는 이유도 밝혔고?

이담에 후배들이 밝힐 거랍니다.

스반테 아레니우스는 베르셀리우스와
패러데이의 이론에서 한걸음 더 나아갔죠.

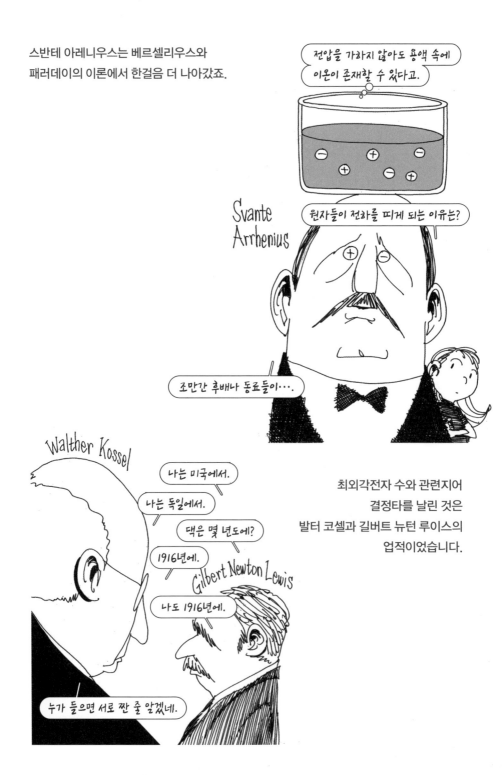

전압을 가하지 않아도 용액 속에
이온이 존재할 수 있다고.

Svante
Arrhenius

원자들이 전하를 띠게 되는 이유는?

조만간 후배나 동료들이···.

Walther Kossel

나는 미국에서.

나는 독일에서.

댁은 몇 년도에?

1916년에.

Gilbert Newton Lewis

나도 1916년에.

누가 들으면 서로 짠 줄 알겠네.

최외각전자 수와 관련지어
결정타를 날린 것은
발터 코셀과 길버트 뉴턴 루이스의
업적이었습니다.

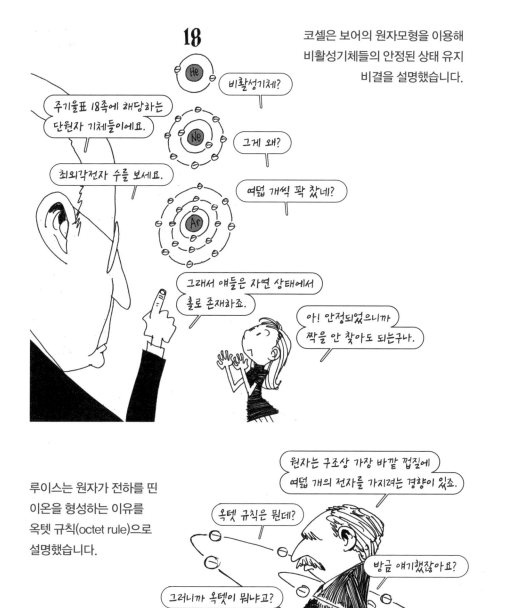

18

비활성기체?

주기율표 18족에 해당하는 단원자 기체들이에요.

그게 왜?

최외각전자 수를 보세요.

여덟 개씩 꽉 찼네?

그래서 얘들은 자연 상태에서 홀로 존재하죠.

아! 안정되었으니까 짝을 안 찾아도 되는구나.

코셀은 보어의 원자모형을 이용해 비활성기체들의 안정된 상태 유지 비결을 설명했습니다.

원자는 구조상 가장 바깥 껍질에 여덟 개의 전자를 가지려는 경향이 있죠.

옥텟 규칙은 뭔데?

방금 얘기했잖아요?

그러니까 옥텟이 뭐냐고?

내가 라틴어를 어떻게 아냐고?

라틴어로 옥타(octa)가 8이잖아요?

루이스는 원자가 전하를 띤 이온을 형성하는 이유를 옥텟 규칙(octet rule)으로 설명했습니다.

그런데 이온결합을 밝혔다고 해서
모든 화학결합의 문제가
풀린 건 아니었습니다.

화학결합에는 이온결합만 있는 게 아니니까요.

17

공유결합
길버트 뉴턴 루이스

길버트 뉴턴 루이스 Gilbert Newton Lewis (1875-1946)

미국의 물리화학자. 옥텟 규칙, 전자쌍 결합 이론 등의 개념을 화학결합에 도입했다. 전자를 공유한다는 공유결합 개념을 발표했다.

주기율표에서 족(Group)은 해당 원자가 갖는
제일 바깥껍질의 전자 개수를 나타냅니다.
대부분의 원자는 가장 바깥껍질의
최외각전자 수가 8개가 될 때 안정해집니다.
이러한 화학 규칙을 '옥텟 규칙'이라고 합니다.
옥텟 규칙을 발견한 미국의 물리학자 길버트 뉴턴 루이스는
1916년 전자를 공유하는 '공유결합'을 통해
원자간 결합을 설명했습니다.

옥텟 규칙!

원자가 최외각전자 수
여덟 개를 채워서
안정된 상태가 되려는 경향.
(첫 번째 전자껍질에는 두 개)

루이스 씨 또 나오셨네?

본격적으로다가 주인공으로 나온 거예요.

그 원리로 과학자들은 화학결합의
한 가지 문제를 해결했지만
남은 과제가 있었습니다.

그런데 얘들은 어떻게 만난 거지?

그러게?

옥텟 규칙이 적용되는 화학결합에
이온결합만 있는 것이
아니기 때문이었죠.

얘들의 만남은 이온결합으로 설명이 안 돼.

그저 낭만적인 만남 아닐까?

과학은 그러면 안 돼.

왜?

논문이 문학이 돼.

전자 두 개를 받아들여 산화 이온으로 안정되지.

잘 배웠네요?

노벨 화학상에 도전할 거거든.

산소의 경우 주기율표 16족에
해당하니까 옥텟 규칙을
따른다면 어떻게 될까요?

자꾸 노벨상 얘기 하지 마세요.

그런데 같은 산화 이온끼리는
전기적으로 끌리지 않습니다.

그런데도 산소 원자 두 개는 결합해서
산소 기체를 만든단 말이죠.

이 문제 역시 옥텟 규칙을 제안한
과학자 길버트 뉴턴 루이스가
해결했습니다.

해답은 전자를 공유하는 방식,
이른바 공유결합이죠.

최외각전자 수가 여섯 개인 산소 원자는 어디서 두 개를 더 가져와 채우면 안정이 되는데,
홀로 있을 땐 전자가 모자라지만 뭉쳐서 함께 가지면 해결됩니다.

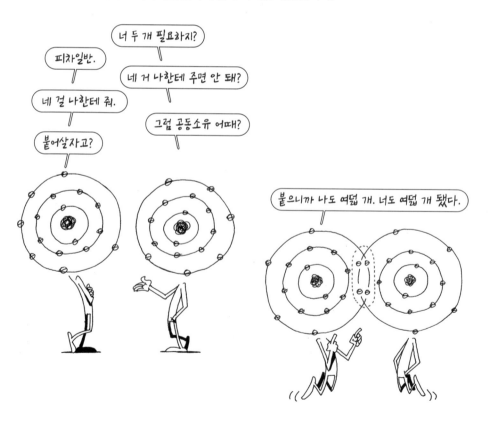

공유결합은 기체부터 유기화합물에 이르기까지
수많은 화학결합을 잘 설명해줍니다.

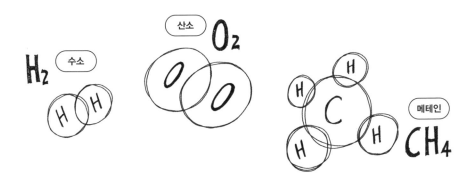

루이스는 공유결합 개념을 1916년에 발표했습니다.

원자는 옥텟 규칙에 따라 필요에 의해 뭉쳐요.

하지만 이 놀라운 발견에 당시
과학계의 반응은 싸늘했습니다.

잠깐 루이스 얘길 할까요?
그는 미국의 매사추세츠주에서
태어났습니다.

그는 공유결합 전자쌍 모델뿐 아니라
열역학, 산 염기 이론, 중수소 화합물
연구 등 많은 업적을 남겼으며,

지금도 화학 교과서에 루이스 구조식이 나오죠.

아! 이 방법을 만든 사람이 아저씨였구나.

재직했던 UC버클리 화학대학을
세계적인 반열에 올려놓았을 정도로
위대한 화학자였습니다.

제자들 중에 노벨상 받은 사람도 많아요.

정작 아저씨는?

노벨상 얘기 하지 말라니까요.

먼저 했잖아?

하지만 그는 자신의 지도 교수를 포함한 선배 동료들과의 관계가 원만하지 못했죠.

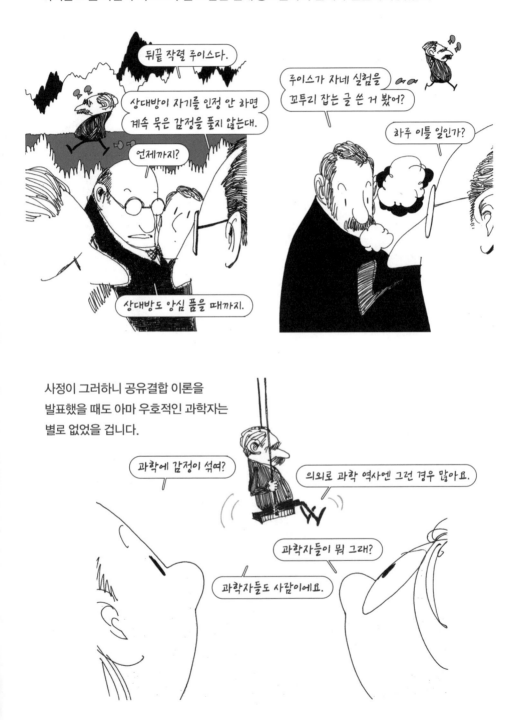

그런데 논문이 발표된 지 3년이 지났을 때
그걸 눈여겨본 사람이 있었습니다.

Irving Langmuir

앗! 대단한 논문이다!

제너럴 일렉트릭 전기 회사에서
근무하던 어빙 랭뮤어라는 과학자였죠.

어떻게 눈여겨봤는데?

내 논문이 가져다줄
자기의 미래를 내다봤죠.

사장님, 회사 일보다 저한테 훨씬
더 의미 있는 걸 찾았습니다. 하하하

어느 날 느닷없이 회사를 관둘지도
모른다는 건가? 허허허

바로 그겁니다. 하하하

랭뮤어는 사교성이 좋고
수완이 뛰어난 인물이었습니다.

난데없긴 하지만 워낙 성격 좋은 자네니까
뭔가 좋은 이유가 있겠지? 허허허

랭뮤어는 루이스의 이론을
조금 발전시킨 원자가 결합 이론을
널리 알리기 시작했죠.

랭뮤어 강의 들어봤냐? 정말 잘하더라.

귀에 쏙쏙 들어오던데.

기본은 루이스 논문인데 강의는 딴판이야.

사람이 좋으니까 논문도 달라져.

특유의 언변과 친화력을 앞세운 강의 덕분에
루이스의 이론마저 큰 호응을 얻게 되었습니다.

랭뮤어 씨 덕 본 셈인가?

처음엔 나도 묵혀 있던 내 이론이
주목을 끌게 되어 기뻤지요.

그러나 차츰 자신보다 랭뮤어가 더 조명을 받게 되는
상황이 못마땅했고 불만은 쌓여갔습니다.

과학계에서 대인 관계는 갈수록 악화되고
루이스는 고립되어갔습니다.
40여 차례나 노벨상 수상 후보에 올랐지만
한 번도 수상하지 못한 반면, 제자들이 줄줄이
노벨상을 거머쥐고 심지어 랭뮤어마저
노벨상을 받는 걸 지켜보다가
어느 날 연구실에서 쓸쓸히
생을 마감했습니다.

잠깐! 그럼 이온결합과 공유결합을 알았으니
이제 원자들의 결합은 다 해결된 걸까요?

그건 아니에요.

또 있어?

금속결합이란 게 있어요.

그렇게 세 개?

분자 결합까지 넘어가면
수소결합에 반데르발스의 힘에….

그럴 줄 알았어. 간단하게
끝나면 화학이 아니지.

금속 원소 원자들이
뭉치는 이유도 전자 때문입니다.

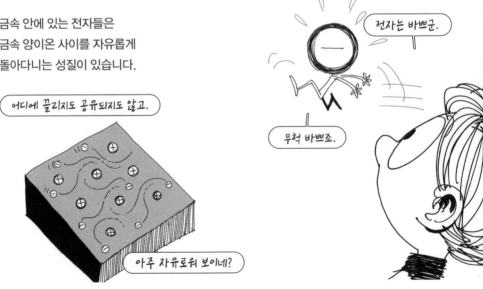

금속 안에 있는 전자들은
금속 양이온 사이를 자유롭게
돌아다니는 성질이 있습니다.

어디에 끌리지도 공유되지도 않고.

전자는 바쁜군.

무척 바쁘죠.

아주 자유로워 보이네?

그래서 많은 금속 원소 원자들이 모이면
전자들이 그 주위를 맴돌면서
전자 바다를 만듭니다.

그걸 자유전자라고 부르죠.

달리 뭐라고 부르겠어?

원자핵은 전기적으로 양전하지?

그렇겠지? 양성자와 중성자니까.

하지만 전자들이 감싸주니까
흩어지지 않는 거겠지.

전자가 달래주는 일도 하는구나.

자유전자들이 원자핵을 둘러싸기 때문에
원자핵끼리 반발하지 않고 결합을
유지해서 결정구조를 만드는 거죠.
금속결합으로 이루어진 금속은
전기가 잘 통합니다.

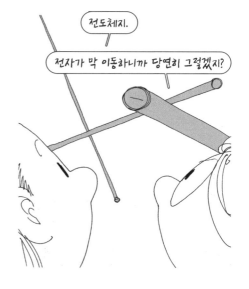

전도체지.

전자가 막 이동하니까 당연히 그렇겠지?

그리고 힘을 가하면 늘어나거나
비틀리지만 깨지는 경우는 드뭅니다.

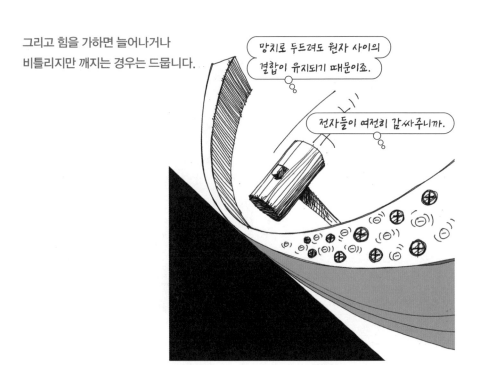

화학결합은 화합물의 비밀을 푸는 열쇠이자 물질의 상태와 성질을 결정하는 원리입니다.

18

생명의 설계도, DNA
로절린드 프랭클린

로절린드 프랭클린 Rosalind Franklin (1920-1958)

영국의 생물물리학자. 엑스선 결정학 분야에서 뛰어난 실력자였다. DNA의
엑스선 사진을 찍어 DNA 분자구조를 밝혀내는 데 결정적인 역할을 했다.

1962년 노벨 생리의학상은 당시까지
생명체의 유전정보를 담은 물질일 거라 추측되던
DNA의 구조를 밝혀낸 세 명의 과학자
왓슨, 크릭, 윌킨스에게 돌아갔습니다.
하지만 DNA 모델의 단서인 실증적 증거를
가지고 있던 여성 과학자는 몇 해 전
암으로 세상을 떠나서 수상할 수 없었습니다.
그녀의 이름은 로절린드 프랭클린입니다.

20세기 과학, 특히 생명과학 분야에서
최고의 성과를 낸 주제를 꼽으라면
단연 DNA일 겁니다.

DNA에 관한 본격적인 연구와 함께 생명과학,
특히 유전학은 비약적으로 발전했습니다.

이제는 다 알려진 사실이지만
DNA는 모든 생명체의 종을 유지하면서
제각각의 특성을 발휘하게끔 하는
유전정보를 담은 물질입니다.

DNA는 데옥시리보핵산의 줄임말.

핵산은 뉴클레오타이드로
이루어진 긴 사슬 모양의
고분자 유기물입니다.

뉴클레오타이드를 만드는 당에는
두 종류가 있습니다.

오탄당인 데옥시리보스와 리보스.

탄소가 다섯 개인 단당이군.

여기 산소가 빠져 있지?
그래서 데옥시야.

둘이 똑같이 생겼는데
뭐가 다른 거야?

염기는 여기에 붙어.

염기라면 알칼리?

맞아. DNA에 작용하는 염기는 네 종류야.

뭔데?

아데닌, 구아닌, 시토신,
티민인데 자세한 건 좀 이따.

당과 인산기가
교대로 결합하면서
긴 사슬이 만들어집니다.

그래서 데옥시리보오스를
가진 핵산을
DNA라고 부릅니다.

캐나다의 의사였던 오즈월드 에이버리는
부단한 세균 실험을 통해 DNA야말로
유전물질임에 틀림없다고 발표했죠.

에이버리의 실험 결과가 더 많은 조사를 통해
확증되던 와중에 미국의 생화학자 어윈 샤가프는
중요한 법칙을 알아냈습니다.

여러 생물 세포에서 DNA를
추출해 정량적으로 살폈더니.

살폈더니?

네 가지 염기들 중 아데닌과 티민,
그리고 구아닌과 시토신이
항상 같은 양으로 존재했어.

DNA를 유전물질이라고 보는 건 대세야.

잘하면 노벨상 받을 수 있다는 거?

그렇지.

DNA 연구는 급물살을 타기 시작했습니다.

대체 어떻게 생겨먹었을까?

모양만 알아내면 노벨상 먹는 건데.

과학자들에게 주어진 다음 과제는
DNA의 구조를 밝히는 것이었습니다.

일단 좀 먹고 하자.

당시 경쟁적으로 연구에 매달렸던 대표적인
과학자 그룹은 셋이었습니다.

노벨화학상 수상자였던 라이너스 폴링.

Linus Pauling

런던 킹스 컬리지의
로절린드 프랭클린과 모리스 윌킨스.

Rosalind
Franklin

Maurice Wilkins

그리고 케임브리지 캐번디시 연구소의
제임스 왓슨과 프랜시스 크릭

가장 앞서나가는 듯했던 라이너스 폴링은
DNA가 삼중 나선 구조로 이루어졌다는
내용의 논문을 발표했습니다.

내 과학 인생에서 최악의 실수였지.

그래도 노벨상은 두 개나 받았어.

화학상 말고 또 무슨 상?

평화상.

당, 인산, 염기가 나선형 사슬로
이어졌을 거라는 점은 분명해.

그런데 삼중은 아니고, 그렇다고
단일 나선도 아닌 것 같고.

그럼 남은 건 뭘까?

비록 폴링은 미수에 그쳤지만
그가 제시한 이론에서 DNA가
나선 구조라는 것은 다른 과학자들도
공감하는 내용이었습니다.

그 무렵 왓슨과 크릭은 당과 인산이 연결된 뼈대 안쪽으로 염기가 연결된
뉴클레오타이드 사슬 모델을 만들고 있었습니다.
그때 왓슨과 크릭에게 힌트를 준 것은 '샤가프의 법칙'이었습니다.

아데닌과 티민, 그리고
구아닌과 시토신이
짝을 이룬다는 그들의 직관은
적중한 듯 보였습니다.

또 그들을 확신케 한 실증적인
결과물도 하나 있었습니다.

그것은 바로 한 장의 사진.

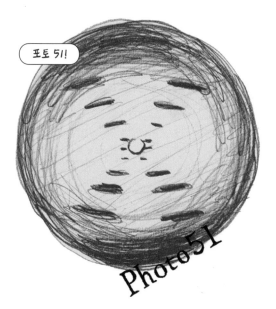

로절린드 프랭클린이 가장 최근에
엑스선 회절법으로
DNA의 결정구조를
찍은 사진이었죠.

프랭클린이 신중을 기하는 사이
그녀가 상상도 못했던
어처구니없는 일이 벌어졌습니다.

같은 연구소에서 평소 프랭클린과 원만하지 않았던
모리스 윌킨스는 과감하게 일을 벌였습니다.

윌킨스는 사진을 들고 캐번디시 연구소의 왓슨을 찾아갔습니다.

사진 51을 본 왓슨은 경악했습니다.

더 기다릴 필요가 없다고 판단한
그들은 곧바로 학술지
《네이처》에 발표했습니다.

1953년!

MOLECULAR STRUCTURE OF NUCLEIC ACIDS

단 두 쪽짜리 논문.

A Structure for Deoxyribose Nucleic Acid

〈핵산의 분자구조: 데옥시리보핵산의 구조〉

노벨상 받을 생각에 김칫국 먹고 취했어.

나도.

비로소 DNA의 비밀이 풀리게 되었고
왓슨과 크릭, 그리고 윌킨스는
1962년 노벨상을 수상했습니다.

먹었어!

ALFR. NOBEL

NAT. MDCCC XXXIII OB. MDCCC XCVI

프랭클린은?

4년 전 이미 세상 떠났어.

프랭클린은 죽는 날까지
과학에 헌신했지만
암 투병 끝에 서른일곱 살로
생을 마감했습니다.

1962년까지 살아 있었다면
노벨상을 공동 수상했을까?

글쎄.

훗날 왓슨은 DNA 구조 발견에 얽힌 얘기를 직접 쓴 책《이중나선》의
증보판 후기에서 프랭클린이 기여한 부분을 언급하지 않을 수 없었습니다.

과학의 세계에서
그녀와 같은 고도의 지성을 갖춘 여성이
그토록 투쟁하지 않을 수 없었다는 것을
우리가 이해한 것은 때가 너무나 늦었다.
그뿐만 아니라 자신의 불치의 병을 알면서도
수주일 앞의 죽음을 눈앞에 두고 한탄 한마디 없이
연구에만 헌신적인 정열을 기울여온 그녀의 용기와 성실성을
우리는 너무도 뒤늦게 인식한 것이다.

DOUBLE HELIX

초등학교에 입학한 아들의 그림 독서록에 어느 날 등장한 해골과 뼈.

통닭을 먹던 중 든 생각이 아무래도 닭보다 사람의 뼈가 더 많을 것 같단다.

사람의 뼈는 대략 400개 정도에서 시작해 성인이 되면 200개 정도 된다고 알고 있지만 닭의 경우는 몰라서 못 가르쳐줬다.

(솔직히 아직도 모른다.)

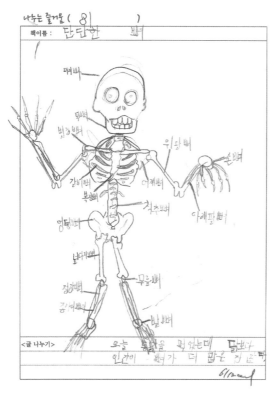

인간 vs 닭
2017. 6. 9. 아홉 살 율

이 책에 등장한 인물 및 주요 사건

1권
2권
3권

1514~1564
안드레아스 베살리우스
1543년 《인체의 구조에 관하여》 출간

1578~1657
윌리엄 하비
1628년 혈액순환의 이론을 정리하여 《동물의 심장과 피의 운동에 관한 해부학적 연구》를 출간

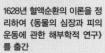

1627~1691
로버트 보일
1660년 왕립학회 창립
1662년 보일의 법칙 발견

1544~1603
윌리엄 길버트

1546~1601
튀코 브라헤

1561~1626
프랜시스 베이컨

1564~1642
갈릴레오 갈릴레이

1571~1630
요하네스 케플러

1596~1650
르네 데카르트

1602~1686
오토 폰 게리케

1608~1647
에반젤리스타 토리첼리

1622~1703
빈첸초 비비아니

1625~1712
조반니 도메니코 카시니

1627~1705
존 레이

1629~1695
크리스티안 하위헌스

1733~1804
조지프 프리스틀리
1774년 산소 기체 발견

1743~1794
앙투안 라부아지에
1774년 질량보존의 법칙 발견

1766~1844
존 돌턴
1803년 배수비례의 법칙 발표

1736~1819
제임스 와트

1737~1798
루이지 갈바니

1745~1827
알레산드로 볼타

1754~1826
조제프 루이 프루스트

1773~1829
토머스 영

1707~1778
칼 폰 린네
1735년 《자연의 체계》 출간

1728~1799
조지프 블랙
1754년 이산화탄소 기체 발견

1731~1810
헨리 캐번디시
1766년 수소 기체 발견

1632~1723
안톤 판 레이우엔훅

1635~1703
로버트 훅

1642~1727
아이작 뉴턴

1656~1742
에드먼드 핼리

1663~1729
토머스 뉴커먼

1692~1761
피터르 판 뮈스헨브룩

1700~1748
에발트 폰 클라이스트
1706~1790
벤저민 프랭클린

1776~1856
아메데오 아보가드로
1811년 아보가드로의 가설 제창

1779~1848
옌스 야코브
베르셀리우스

1819년 화합물이 양음의 전기
를 가진 두 성분의 결합에 의
한다는 이론을 주장

1797~1875
찰스 라이엘
1830년 《지질학 원론》 출간

1777~1851
한스 크리스티안
외르스테드

1778~1850
조제프 루이 게이뤼삭

1781~1848
조지 스티븐슨

1791~1867
마이클 패러데이

1804~1865
하인리히 렌츠

1809~1882
찰스 다윈

1831년 비글호 승선
1859년 《종의 기원》 출간

1822~1884
그레고어 멘델

1866년 논문 〈식물의 잡종에 관
한 실험〉 발표

1822~1895
루이 파스퇴르

1865년 저온살균법 개발

1814~1879
하인리히 가이슬러

1875~1946
길버트 뉴턴 루이스

1916년 공유결합의 개념 발표

1916~2004
프랜시스 크릭

1953년 제임스 왓슨과 영국의
과학 전문지 《네이처》에 DNA
의 구조에 관한 논문 게재

1879~1955
알베르트 아인슈타인

1885~1962
닐스 보어

1889~1953
에드윈 허블

1889~1970
어니스트 마스덴

1891~1972
밀턴 휴메이슨

1829~1896
아우구스트 케쿨레
1865년 벤젠의 구조 발견

1834~1907
드미트리 멘델레예프
1869년 주기율표 발견

1859~1927
스반테 아레니우스
1884년 전해질이 물속에서 이온으로 해리된다는 학설 발표

1825~1898
요한 발머

1831~1879
제임스 클러크 맥스웰

1832~1919
윌리엄 크룩스

1838~1916
에른스트 마흐

1847~1931
토머스 에디슨

1850~1930
오이겐 골트슈타인

1852~1908
앙리 베크렐

1856~1940
조지프 존 톰슨

1857~1894
하인리히 헤르츠

1858~1947
막스 플랑크

1920~1958
로절린드 프랭클린
1952년 DNA의 엑스선 회절 사진을 찍는 데 성공

1928~
제임스 왓슨
1962년 프랜시스 크릭과 DNA의 이중나선 구조를 발견한 것으로 노벨 생리학·의학상을 수상

이 책에 언급된 문헌들

27쪽 안드레아스 베살리우스,《인체의 구조에 관하여*On the Fabric of the Human Body in Seven Books*》, 1543.

42쪽 윌리엄 하비,《동물의 심장과 피의 운동에 관한 해부학적 연구*An Anatomical Study of the Motion of the Heart and of the Blood in Animals*》, 1628.

72쪽 칼 폰 린네,《자연의 체계*A General System of Nature*》, 1735.

125쪽 앙투안 라부아지에,《화학원론*Elements of Chemistry: In a New Systematic Order, Containing All the Modern Discoveries*》, 1789.

141쪽 존 돌턴,《화학 철학의 신세계*A New System of Chemical Philosophy*》, 1808.

158쪽 아메데오 아보가드로, 〈물체의 기본 입자들의 상대적 질량 및 이들의 결합비를 결정하는 하나의 방법에 관한 소고Essay on a Manner of Determining the Relative Masses of the Elementary Molecules of Bodies, and the Proportions in Which They Enter into These Compounds〉, 1811.

168쪽 토머스 버닛Thomas Burnet,《지구에 관한 신성한 이론*The Sacred Theory of the Earth*》, 1681.

174쪽 제임스 허턴James Hutton,《지구 이론*Theory of the Earth*》, 1795.

178쪽 찰스 라이엘,《지질학의 원리*Principles of Geology*》, 1830~1833.

185쪽 찰스 다윈,《종의 기원: 자연선택의 방법에 따른 종의 기원, 또는 생존경쟁에서 유리한 종족 보전에 대하여*On the Origin of Species by Means of Natural Selection or the Preservation of Favoured Races in the Struggle for Life*》, 1859.

193쪽 토머스 맬서스Thomas Malthus,《인구론*An Essay on the Principle of Population*》, 1798.

203쪽 그레고어 멘델, 〈식물의 잡종에 관한 실험Experiments in Plant Hybridization〉,

1866.

241쪽   아우구스트 케쿨레, 〈화합물의 구조와 탄소의 화학적 본성The Constitution and the Metamers the Chemical Compounds and on the Chemical Nature of the Carbon〉, 1858.

310쪽   제임스 왓슨, 프랜시스 크릭, 〈핵산의 분자구조: 데옥시리보핵산의 구조Molecular Structure of Nucleic Acids: A Structure for Deoxyribose Nucleic Acid〉, 1953

311쪽   제임스 왓슨, 《이중나선The Double Helix:A Personal Account of the Discovery of the Structure of DNA》, Norton Critical Edition, 1980.

* 구인선,《유기화학》, 녹문당, 2004.
* 김희준 외,《과학으로 수학보기, 수학으로 과학보기》, 궁리, 2005.
* 낸시 포브스 외, 박찬 외 옮김,《패러데이와 맥스웰》, 반니, 2015.
* 니콜라 찰턴 외, 강영옥 옮김,《과학자 갤러리》, 윌컴퍼니, 2017.
* 데이비드 린들리, 이덕환 옮김,《볼츠만의 원자》, 승산, 2003.
* 드니즈 키어넌, 김용현 옮김,《Science 101 화학》, 이치사이언스, 2010.
* 래리 고닉, 전영택 옮김,《세상에서 가장 재미있는 미적분》, 궁리, 2012.
* 랜들 먼로, 이지연 옮김,《위험한 과학책》, 시공사, 2015.
* 루이스 엡스타인, 백윤선 옮김,《재미있는 물리여행》, 김영사, 1988.
* 리언 레더만, 박병철 옮김,《신의 입자》, 휴머니스트, 2017.
* 마르흐레이트 데 헤이르, 김성훈 옮김,《과학이 된 무모한 도전들》, 원더박스, 2014.
* 마이클 패러데이, 박택규 옮김,《양초 한 자루에 담긴 화학이야기》, 서해문집, 1998.
* 마크 휠리스 글, 래리 고닉 그림, 윤소영 옮김,《세상에서 가장 재미있는 유전학》, 궁리, 2007.
* 박성래 외,《과학사》, 전파과학사, 2000.
* 배리 가우어. 박영태 옮김,《과학의 방법》, 이학사, 2013.
* 배리 파커, 손영운 옮김,《Science 101 물리학》, 이치사이언스, 2010.
* 벤 보버, 이한음 옮김,《빛 이야기》, 웅진지식하우스, 2004.
* 브렌다 매독스, 진우기 외 옮김,《로잘린드 프랭클린과 DNA》, 양문, 2004.
* 사키가와 노리유키, 현종오 외 옮김,《유기 화합물 이야기》, 아카데미서적, 1998.
* 송성수,《한권으로 보는 인물과학사》, 북스힐, 2015.

- 아이뉴턴 편집부 엮음, 《완전 도해 주기율표》, 아이뉴턴, 2017.
- 아트 후프만 글, 래리 고닉 그림, 전영택 옮김, 《세상에서 가장 재미있는 물리학》, 궁리, 2007.
- 알프레드 노스 화이트헤드, 오영환 옮김, 《과학과 근대세계》, 서광사, 2008.
- 애덤 하트데이비스, 강윤재 옮김. 《사이언스》, 북하우스, 2010.
- 애덤 하트데이비스 외, 박유진 외 옮김, 《과학의 책》, 지식갤러리, 2014.
- 이정임, 《인류사를 바꾼 100대 과학사건》, 학민사, 2011.
- 정재승, 《정재승의 과학 콘서트》, 어크로스, 2003.
- 제임스 D. 왓슨, 하두봉 옮김, 《이중나선》, 전파과학사, 2000.
- 조지 오초아, 백승용 옮김, 《Science 101 생물학》, 이치사이언스, 2010.
- 존 M. 헨쇼, 이재경 옮김, 《세상의 모든 공식》, 반니, 2015.
- 존 그리빈, 김동광 옮김, 《거의 모든 사람들을 위한 과학》, 한길사, 2004.
- 존 헨리, 노태복 옮김, 《서양과학사상사》, 책과함께, 2013.
- 칼 세이건, 홍승수 옮김, 《코스모스》, 사이언스북스, 2006.
- 커트 스테이저, 김학영 옮김, 《원자, 인간을 완성하다》, 반니, 2014.
- 크레이그 크리들 글, 래리 고닉 그림, 김희준 외 옮김, 《세상에서 가장 재미있는 화학》, 궁리, 2008.
- Transnational College of Lex, 김종오 외 옮김, 《양자역학의 모험》, 과학과문화, 2001.
- 프랭크 H. 헤프너, 윤소영 옮김, 《판스워스 교수의 생물학 강의》, 도솔, 2004.
- 피트 무어, 이명진 옮김, 《관습과 통념을 뒤흔든 50인의 과학 멘토》, 책숲, 2014.
- 홍성욱, 《그림으로 보는 과학의 숨은 역사》, 책세상, 2012.

찾아보기

과학자들 3

1판 1쇄 발행일 2018년 9월 27일
1판 4쇄 발행일 2022년 4월 11일

지은이 김재훈

발행인 김학원
발행처 (주)휴머니스트출판그룹
출판등록 제313-2007-000007호(2007년 1월 5일)
주소 (03991) 서울시 마포구 동교로23길 76(연남동)
전화 02-335-4422 **팩스** 02-334-3427
저자·독자 서비스 humanist@humanistbooks.com
홈페이지 www.humanistbooks.com
유튜브 youtube.com/user/humanistma **포스트** post.naver.com/hmcv
페이스북 facebook.com/hmcv2001 **인스타그램** @humanist_insta

편집주간 황서현 **편집** 임재희 임은선 이영란 강지영 **디자인** 김태형
용지 화인페이퍼 **인쇄** 삼조인쇄 **제본** 경일제책

ⓒ 김재훈, 2018

ISBN 979-11-6080-161-3 04400
ISBN 979-11-6080-158-3 (세트)